孩子不仅给我们带来了快乐，
更重要的是他们把我们重新引入真、善、美的世界

善生悦教系列

生命的四季

华德福学校的植物课

［英］玛格丽特·科洪　阿克塞尔·埃瓦尔德　著
王勇　陈青　译

天津出版传媒集团

天津教育出版社

图书在版编目（CIP）数据

生命的四季：华德福学校的植物课 /（英）科洪，（英）埃瓦尔德著；陈青，王勇译. -- 天津：天津教育出版社，2013.8
书名原文：New eyes for plants A workbook for observing and drawing plants
ISBN 978-7-5309-7363-9

Ⅰ.①生… Ⅱ.①科… ②埃… ③陈… ④王… Ⅲ.①植物—普及读物 Ⅳ.①Q94-49

中国版本图书馆CIP数据核字（2013）第204239号

New Eyes for Plants by Margaret Colquhoun and Axel Ewald copyright© Hawthorn Press Ltd 1996, Hawthorn House,1 Lansdown Lane, Stroud,Gloucestershire,GL5 1BJ,UK.
www.hawthornpress.com

版权合同登记号　图字02-2013-204号

生命的四季　华德福学校的植物课

出 版 人	胡振泰
作　　者	[英]玛格丽特·科洪　阿克塞尔·埃瓦尔德
译　　者	王勇　陈青
审　　校	张凯婴
责任编辑	田昕
装帧设计	亿点印象
出版发行	天津出版传媒集团 天津教育出版社 　　天津市和平区西康路35号　邮政编码　300051 　　http://www.tjeph.com.cn
经　　销	新华书店
印　　刷	三河市华晨印务有限公司
版　　次	2013年9月第1版
印　　次	2013年9月第1次印刷
规　　格	16开（787×1092毫米）
字　　数	126千字
印　　张	15
定　　价	35.00元

目 录

序 …………………………………………………………… 1

前 言 ………………………………………………………… 1

第一章 生命的追问 ………………………………………… 1

第二章 始终之辨 …………………………………………… 21

第三章 它来了 ……………………………………………… 49

第四章 从春到夏 …………………………………………… 75

第五章 夏花 ………………………………………………… 109

第六章 秋实 ………………………………………………… 155

第七章 从新视角看植物 …………………………………… 193

附录 保存植物标本及制作叶序 …………………………… 223

序

本书将邀请我们踏上一趟旅程，不仅仅是想象力之旅，更是行动与转化之旅。作者邀请我们通过观察和实操与身边的生命形态重新联结，从而把视角向植物生命的本质打开。此中体现的生命本质既有科学知识的真实性，又有创造性艺术的美感，所以我们在体验植物时既能看到其原型，又能以全新的眼光看待它们，由此用一种新途径推开以艺术实践科学之门。通过引入审美体验或感觉、意志活动作为我们理解过程中主要的意识组成部分，从而可以避免以纯粹客观的态度研究自然时的麻木状态。

这趟旅程的导游是这门新科学的两位践行者：玛格丽特·科洪具有传统科学的教育背景，阿克塞尔·埃瓦尔德则是一位艺术家。本书源自他们多年的共同探索、研究和教学经历，设计精美，图文并茂，相映成趣。书中的绘图体现出了激发艺术家安迪·高兹沃斯（Andy Goldsworthy）和戴维·纳什（David Nash）创作灵感的那种人与自然之间和谐的关系，而书中的文字则达到了双方真正理解时亲密对话的那种简洁明了。由这本工作手记给读者引发的观察、描绘、体验身边植物的冲动实在难以抗拒。

这种结合的传统可以追溯到以歌德为代表的浪漫主义者，他们反对康德的科学与艺术分离观，也不认同他的不可能存在"创作出《草叶集》的牛顿"

这一观点。康德的观点在某种意义上是对的：人类的生活不能用牛顿科学机械地加以描述。正如我们现在看到当代生物学家用基因和分子来描述生命过程，然而，这样做法的后果就是，在生物学中有机体已经不再被看做是真实的存在，而是一个个基因和分子。生命从我们的指间流逝，剩下的只有残骸。因此，我们需要回归先前那种让我们真正触碰周围生活实相的传统，我们不仅依赖它生存，而且还要理解和表达我们的本性。这一理念在本书中一再重复，比如后面对植物叶序发展——此后才会开花——意义的描写就是如此。叶片发生的种种奇妙变化大都令人费解（或者无人留意），可是等到花朵绽放之际，略加回味，其意义就显而易见了。

同样，知人识物的过程一般也与此类似。我们内心一再感知某人或某事物，然后在某个特定时刻，体验到内在的结合与交融。这是一种存在状态，是一个亲密交融的过程，艺术家、情侣和神秘主义者都曾体会过、描述过，科学家也是如此：

> 促使人做出如此成就的情感状态与教徒或恋人的情感状态大同小异。
>
> ——爱因斯坦

由于纠结于分子结构、假设的故事，并且客观地把生命变成可操纵、有销路的商品，当代生物学已经迷失了方向，因此一门新的生物学正在悄然兴起。它在完整保留现有科学发现的同时还将恢复它的整体性，通过修正我们与生物学之间的关系呈现生命的完整性。这本工作手记可以引导我们去发现如何达到这个目的。

密尔顿·凯因斯公开大学生物系

布莱恩·古德温（Brian Goodwin）博士

前 言

本书的结集出版缘于一系列课程,这个系列课程始于1990年的"生命科学工作坊",这系列课程曾经在不列颠群岛各地面向不同的群体举办过。"生命科学工作坊"举办的目的是"在实践中将科学和艺术结合起来"。这些课程既细心引导我们观察自然,又辅以加强我们感知力的艺术活动,并将认知的成果直接转化成行动力。这种在科学和艺术之间的互动,显示了课程本身就是一种令人愉悦、疗愈性的学习方式。每一节课都无条件地对所有年龄和背景的听众开放。每节课都是"在体验中觉醒"的旅程,这种体验,既来自对周遭自然界的感知,也来自我们内在的创造力。每一堂课都是主办方和参与者结伴而行、互相学习的旅程。

在成书过程中,我们顺应了读者的一再要求,将这些旅程的成果与大家分享,并将它们面向更多读者开放。当然,阅读永远无法取代与其他人集体学习和创造的生动经验。然而,我们仅希望这本小书能够鼓励你,亲爱的读者,尽早踏上自己独特的发现之旅。也许你愿意跟别人共同分享它,并邀请友人陪你一起去亲历那鲜活的植物世界。

本书的目的并不在于提供资料,而意在成为一本实践指南。而这一目的

石头与土豆

假设现在是秋季——十月下旬或十一月。树叶大多已经变黄,甚至飘落。浓郁的金黄色树叶带着夏日的温暖覆盖了大地。山毛榉的灰色枝杈笼罩在薄雾中,潮湿的地面上混杂着正在腐烂的树叶和植物茎秆。你弯着腰,双手沾满黏糊糊的泥土,正在聚精会神地收获土豆。有些土豆可以很轻松地拔出来,个别的却需要用铲子来挖。循着轻柔的节奏,土豆从地下到了篮子里。这里有块石头——扔到一边去——哎哟,不对!——可能是个土豆!应该怎么分辨是石头还是土豆呢?问得好!咱们不妨稍事休息,直起腰来考虑一下这个问题。

图 1. 秋天收获土豆——怎样区分石头和土豆呢?[铅笔画]

图2. 石头还是土豆？[木炭画]

如何区分石头和土豆呢（图2）？二者都是又圆又滑，又硬又重。如果撒手，石头和土豆都会落在地上，在地上产生类似的冲击力，扔到篮子里也会发出类似的声音。两者都不透光，会投射出阴影，有坚硬的表面，用手指捏不动。但是，石头的内外大致相同——至少土豆地里那些沾满沙子的碎石是这样的——而土豆的内部和外部却大不相同！野兔咀嚼土豆时我们可以看到它们闪耀着白光，有些土豆里面甚至还黏糊糊的。这不由让我想起我们在春季种下的那些土豆，这个腐烂的土豆可能就是当时种下的。但是新的土豆、这些我们在冬季食用的又硬又圆的宝贝来自何方呢？

请回想一下我们在春天种下的土豆，那些表层干瘪、个别地方生了白色根须和紫绿色嫩芽的土豆（图3）和现在收获的土豆有天壤之别。种植的时候，你必须非常小心，要把生了根须的部位朝下、嫩芽朝上；当然，还要拔掉其他嫩芽，只留下最大的那棵。就凭这么一个皱巴巴的老玩意儿，怎么会带来这么多金黄色的果实呢？（在有些国家，人们甚至称土豆是"地里的苹果"！）当然了，在这个过程中土豆要长成一棵枝繁叶茂的绿色植物（图4），但这就能解释新土豆的诞生吗？

不妨思考一下，落叶当中那些小小的山毛榉果是怎样成长为田野中的那些大树的呢（图5）？出现这种情况好像确实不太可能——然而这种情况的确出现了！

到现在为止，石头和土豆的其中一个差别已经开始

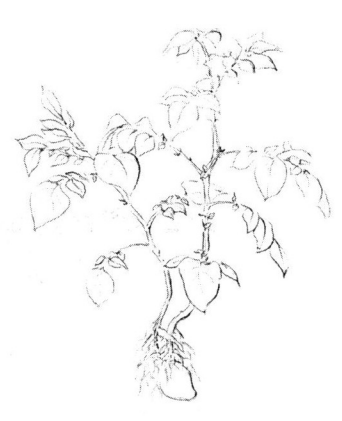

图4. 生长完全的土豆植株。[铅笔画]

图3. 发芽的土豆。[铅笔画]

图 5. 山毛榉树和果实（不按比例）。[画在安格尔纸上的木炭画]

很明显了：如果放手不管，土豆会随着时间的推移发生变化。不管是放在水槽下还是地窖里，每年春天的时候，北半球各地的土豆都会开始枯萎，长出白色的根须，发芽。不管通过什么途径到了地窖里，石头也不会枯萎或发芽。不管从外面碰撞还是敲击，石头都不会生长。生长是一种随时间推移而发生的变化，单单通过温度、光照和水分等因素无法解释。外界因素可能会加速或放缓生长速度，但是在某种意义上，生长本身是独立于外部因素的。它就是发生了！

我们可以比较轻松地判断出石头和土豆之间的区别。双手拿一块石头和一个土豆，我们甚至可以很有把握地说一个是"有生命"的，另一个却没有。但这又意味着什么呢？我们怎样才能开始探讨土豆具备，石头却不具备的这种能够变化、生长、有生命的特质呢？

开展科学研究

科学研究活动就是为了追求知识。这并不仅仅是其他人穿着白大褂在实验室里代表我们做的事情，当我们每天都比昨天有新的发现时，我们自己就在做了。科学是属于每个人的日常基本活动，实际上科学就是人类的一项基本需求。我们孩提时代感到疑惑、开始凭兴趣探究周围环境的时候,科学研究也就开始了。我们或许可以说,疑惑或兴趣带来了问题,而寻找答案,就是科学研究。

我们不妨从简单地观察周围的世界开始,然后思考弄清事物原理的过程是怎样的。拿一根蜡烛,在光线不怎么充足的房间里,把它放在一块白色桌布或类似的浅色的平滑表面上,拿一盒火柴,点燃蜡烛。在桌布上较靠近蜡烛的地方摆放一个物体——那盒火柴就行(图6)。你会在桌子上看到什么?然后再把火柴盒前后挪动,或者保持火柴盒不动,挪动蜡烛。仔细观察整个过程,看看你能否发现可以解释所观察到的所有现象的规律,而且这

图6. 用蜡烛和火柴盒在桌面成影的实验。[木炭画]

条规律应该可以准确地预测各种移动方式带来的结果。

现在拿一根山毛榉树枝,观察一下上面的幼芽(图7)。有没有可能发现一条规律,可以判断明年树枝上的叶子会如何生长?到了春天,你可以看到叶子舒展开来,新的枝条在生长(图8)。你可以非常确切地看到枝叶的生长顺序和叶子形状的变化,但是你能预测会有多少树叶,它们是在什么时间生长,如何生长,甚至哪些幼芽会长大而哪些不会吗?

或者你可能愿意播下一粒种子,观察随后的幼苗生长、开花和结果,比如种下这株千里光草,你或许可以

图7. 冬季带芽的山毛榉树枝。[铅笔画]

图8. 还是图7中的同一根山毛榉树枝,到了春天长出绿叶。[铅笔画]

第一章 生命的追问

描述并画下植物从种子到发芽、开花等环节的整个过程，但是，就像我们能够描述影子"发展"的规律那样，你能找到植物发展的规律吗？二者有何区别？

我们又回到了石头和土豆的问题。石头和土豆都会投射影子，山毛榉嫩芽和千里光草种子也是如此。但是土豆、植物嫩芽和种子有着石头和火柴盒所缺少的"东西"。这种"东西"可以随着时间的推移而变化，而且这种变化仅用外部原因是无法解释的。以我们理解影子实验的认知层面，这种自我推动的发展是无法解释的。不管我们付出多少努力通过原子、分子、植物激素等类似的观点去做出什

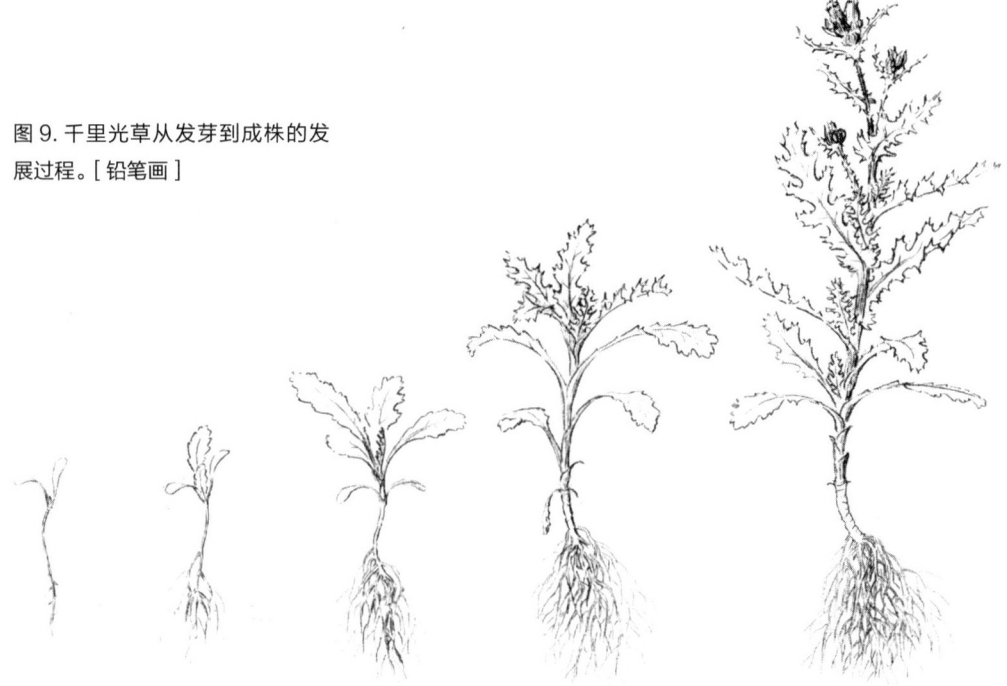

图9. 千里光草从发芽到成株的发展过程。[铅笔画]

度看，如果我们把千里光草的叶片摘下来，按照它们的生长顺序平放到一张纸上，我们也可以发现与上面类似的情况。图12在二维空间给我们展示了一个在三维空间连续发生的事件（千里光草的生长过程）的发展过程。（这些都是压制树叶的影印图，所有树叶都是在同一时间从同一棵植物上摘下来的。如果你自己也想一试，请务必只摘主干上的叶子，同时还要按照生长的顺序排列。至于如何压制叶片，请参考附录的内容。）

你也可以一试，但务必注意只摘下主干上的叶子（千里光草一年到头在各地都能找到，盎格鲁－撒克逊人给它起的名字"Groundeswelge"意思是"土地吞咽者"，如今苏格兰人给它起的名字是"Grundy Swallow"）。在这个过程中，你或许会要纳闷是什么原因导致了这种奇异的现象？

是谁在发光？是什么原因把这些图案投射到生长中的植物的叶面上？更重要的是，我们该如何开始研究是谁在发光？

图12. 千里光草的叶序。

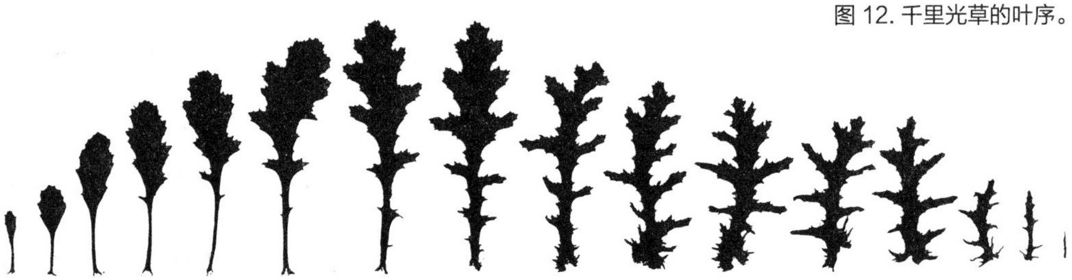

约翰·沃尔夫冈·冯·歌德——艺术家对科学的贡献

到现在为止,情况可能已经很明朗了,有机自然界生命形式的"发展过程"中,有很大一部分是我们的肉眼观察不到、常规的心智无法理解的。自科学诞生以来,科学家们(以及普通人)一般都承认,非生物世界和生物世界之间显然存在着巨大的差异,而且直到最近,这种差异还一直被看做是难以超越的。要理解非生物如何变成生物,我们必须引入"生命力"或"以太"这种神秘因素。哲学家康德(Kant)的观点仍然对我们现代的思维方式有很大影响,他甚至曾经努力去解释过为什么人类无法超越这种差异。在他看来,"明白"有机世界所需要的那种智慧是"智性直观"(思维原型),而智性直观是在人类能力范围之外的。这种观点现在仍然有人相信。

然而,就在两百多年前,德国最伟大的艺术家、诗人、剧作家之一,约翰·沃尔夫冈·冯·歌德(Johann Wolfgang von Goethe,1749-1832)开始了对包括植物在内的自然界各种现象的研究。歌德一直从大自然"宇宙公开的神圣秘密"中得到艺术创作的灵感。他相信,如果你知道如何观察,就会发现感官世界中的这些秘密。按照他的感受,艺术和科学都源自或者会引导我们去发现那种"万有的本源",因为正是在这个基础上才有了世间万物。在从艺术转向科学的过程中,或者说在科学领域运用艺术的时候,他发展出了一种观察植物的方式,通过这种方式,可以做到康德认为不可能做到的事情。

与歌德同时代的人大都没把他的科学发现当回事。和如今一样,当时的人们也认为,一个人不可能同时是科学和艺术这两极领域的天才,他关于云、植物、矿物、动物、色彩和人类等观察的著作在魏玛市的档案馆里被束之高阁。直到一百年后,年轻的科学家、哲学家鲁道夫·斯坦纳(Rudolf Steiner,1861-1925)被安排来编辑这些材料的时候,歌德在科学方面著述的重要意义和价值才得到承认。鲁道夫·斯坦纳随后又把歌德的工作发展成为一种人人可以利用的科学探索路径。为了赞誉歌德所做的贡献——为探索有机体的方法打下了基础——他称歌德是"有机世界的哥白尼和开普勒"。在他看来,对有机科学的发展来说,歌德的"观察方法"就像物理学和天文学领域的那两位巨人做出的贡献一样伟大。

受歌德的启发,在本书中,我们初次步入植物世界中"隐藏的秘密"的旅程。那将是一次探索之旅,我们恳请你不仅从科学的角度,而且要从艺术的角度积极参与其中。歌德既是伟大的艺术家,也是伟大的科学家。我们努力的目标,就是追随他的脚步,以艺术的方式开展科学研究，让我们对真相的研究启发艺术。这个真相，就是既创造了人类，也创造了周围世界的内在法则。歌德说过：

> "钟情艺术与科学的人必定有信仰，
> 对两者都不感兴趣的人最好有宗教信仰。"

除实验和观察的练习之外，我们也会邀请你一探自己的创造能力，尝试一些艺术练习，希望由此可以让你更深入地观察"日常科学"，同时释放你作为普通的"生活中的艺术家"的想象力。

进行艺术创作

无论何时，只要我们改变外界或周围的环境，我们就变得像"日常艺术家"一样具有创造性。除了本身的实用性外，我们起居室里家具的摆放，日常衣着的选择，我们的笔迹，甚至就连我们打电话时在记事本上的涂鸦，都是我们内在品质的外部表现。我们可以看出，这些都反映我们的条理性、我们希望被看待的方式、我们的个性或短时的心情。有没有一种与我们的创造性潜力共事的方法，可以超越单纯主观个性的表达，探索我们的创造是如何承担客观内在必然性、正当性或真理的标记？进行艺术创作是否有助于解决我们在这一章中提出的问题？

我们来画两幅"电话记事本涂鸦"——不过这次用

一种更规范、更有意识的方式（并且不要打电话）。你最好还是用软芯铅笔或蜡笔在一张廉价的宽幅绘图纸（新闻纸或糖纸）上画。

第一幅画（图13）请从最外面的正方形开始。画直线时请尽量不要使用直尺——为此付出的努力也是这个练习的一部分！画正方形的四条边时，你必须有意识地重新瞄准。把下一个正方形放在前一个正方形的内部，你必须把它边线的起点放在上一个正方形边线的中间。请按照这个原则继续往下画。

第二幅图是从中间的一个小圆开始画，从第二个曲线圈开始，某些地方开始略有起伏。随后的曲线则继续这一趋势并不断增大。

在两幅图里你感受到什么差异？画的时候有什么感

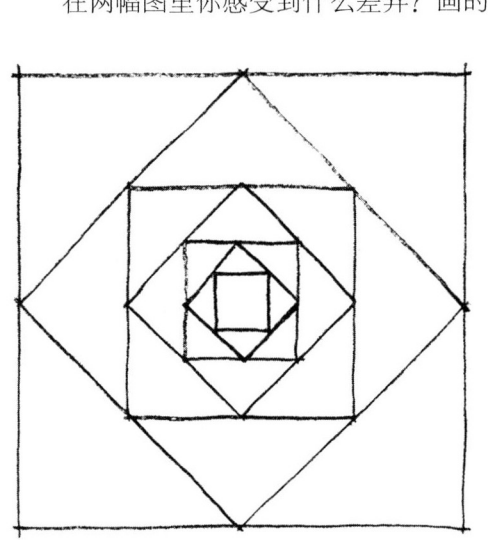

图13（左）和图14（右）. 直线和弧线绘图练习。[铅笔画]

受？结果对你有何影响？第一幅图用的是直线，第二幅图用的则是弧线。你在这两种情况下的投入程度一样吗？画正方形时画完一个怎样再画另一个？有一条明确的规律，下一个正方形是由前一个正方形所决定的。为了画好这幅图，我们必须保持清醒的头脑，并且还要不停地衡量判断。相比之下，第二幅图给你留下更多的变化空间，在画图的时候你还可以保留一点梦幻。但是，是什么引领你从一根曲线到另一根曲线？画那些曲线的时候可以随意为之吗？你有没有体会到一种内在的必然性，使一个图形在前一个图形之外生长？你可能已经注意到：如果你没有完全跟随内在增长运动的律动，你就会失去生命的韵律，你的画看起来就很别扭而且僵硬。另一方面，如果你放纵自己的"梦幻"，那么画出来的画看起来就会混乱而不协调。

你可能会发现，在某种意义上，这两幅画也回应了关于有机和无机世界之间差异的那个问题。它们也让我们认识了规则与随意、秩序和混沌之间的悬殊差异，以及两者之间轻松转变的可能性。创造性地利用这种张力正是所有努力拼搏的"生活中的艺术家"的日常工作。

"生"与"死"

我们就用两幅植物画结束本章吧。一幅出自艺术家之手，另一幅通过计算机生成。请仔细观察这两幅图。从这两幅图中，你能看出植物生命的哪些特点、内在规律和真相？想象一下创造这两幅图的过程中涉及的活动。你能够想象艺术家创作这幅作品时的"创作过程"以及计算机编程人员、计算机和打印机在设计生成另一幅图时的活动吗？

图15. 电脑设计生成的玫瑰图。对比这幅图跟下一页上艺术家创作的玫瑰图。从这两幅图上，你能看出植物生命的哪些特点、内在规律和真相？

图 16. 艺术家笔下的玫瑰。[水彩画]

第二章

始终之辨

达成的关键在于你的积极参与。当你涉足自然之时，请随身携带它。用自己的眼睛去观察考证，看看能否印证我们的描述。这本书提供了很多实践指导，我们希望通过这些实践，能够激发你的创造力，引发你自己的创新。章节是按照"季节的课程"来安排的。第一章从秋季开始，最后一章——第六章——以秋季结尾。你可以按照自己喜欢的方式来阅读此书。既可以随着季节慢慢品读该季节的章节，也可以先通读全书，再随着季节变化阅读相应的章节。

亲爱的读者，如果此书能够引起你的好奇，引发你对自然界植物的积极兴趣和对它们成长过程的创造性参与，那我们就为新感官的发展撒下了种子，为"观察植物的新视角"的发展撒下了种子。

我们希望借此机会感谢那些曾经帮助、支持和鼓励我们的人，没有他们就没有本书的出版。首先要感谢的是课程的参与者，他们提供了建设性的回馈意见和批评，这对教学方法的改良十分必要。然后是我们的老师和顾问，在这里我们必须列举几位在科学和艺术领域让我们尽情体验歌德式方法的各种应用的人，他们是：约亨·博克穆赫（Jochen Bockemuehl）、托马斯·格贝尔（Thomas Goebel）、威廉·赖歇特（Wilhelm Reichert）。最后，我们同样要感谢出版商马丁·拉奇（Martin Large），没有他的热情鼓励和大力支持，我们的想法或许会停留在只言片语的层面，不会发展到能够出版的地步。

第一章

生命的追问

么样的"解释",有自尊心的科学家谁也不会承认自己明白或能够解释生命的奥秘,虽然大家都可以完全清楚地明白从某个光源产生影子的因果关系。根不是植物抽条的原因,太阳也没有创造出花朵。然而,关于我们描述的一系列事件却似乎有一种内在的法则,因为春天里每棵千里光草的生长、每个山毛榉幼芽的舒展、每个土豆的发芽都是大致相同的。我们怎样才能更加确切地研究这种现象?我们该怎样开始研究生命有机体的现象?我们该怎样研究出一种观察、思考事物的方式才能正确地看待生命过程,从而让我们可以研究令土豆不同于石头、促使千里光草生长的"东西"呢?如果想要如同理解投影原理那样清楚地掌握有机自然界的情况,我们就需要这种方式的帮助。

谁在发光?

对具备健康常识的人来说,影子的形成原理非常明了。借助简单几何构图的帮助,从光源、固体和平面等任何已知条件,我们都可以轻松地预测影子的结果。如果一根6英寸高的蜡烛放在一个2英寸高的火柴盒6英寸之外,那么桌面上影子的长度该是多少?从下面这幅图(图10)可以看出如何计算影子的长度,方法是画一条直线把火柴盒的高度投射到代表桌子的那条直线上。

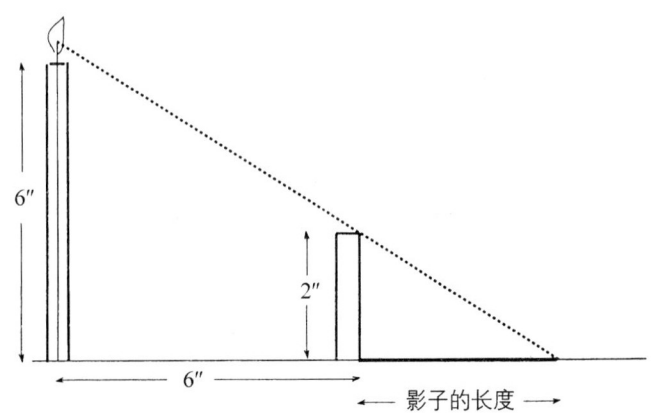

图 10. 投影几何构造演示图。影子的长度。

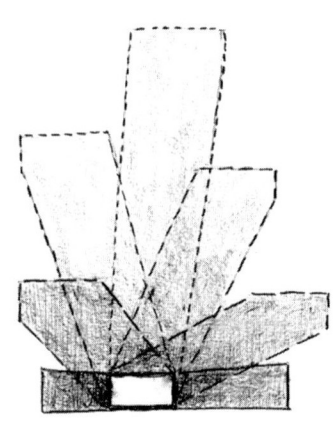

图 11. 火柴盒在不同的光源（烛光）位置映照下的影子图案。

你可以按照比例画一下这幅图，然后检验一下用真正的蜡烛、火柴盒和桌子实验时影子的长度。

搞清楚了影子投射的"直线延伸"原理后，你就可以画图预测更复杂的物体的影子。甚至像下面这个实验这样，原本复杂的结果或许也会变得非常容易理解：把火柴盒放在一张白纸上，拿一根点燃的蜡烛缓慢地绕着火柴盒移动，不断变换高度和距离，然后在纸上记下蜡烛处于一系列不同位置时火柴盒影子的轮廓，结果或许如图所示（图11）。我们可以把这些图案看做是三维空间发生的连续事件在二维空间的形变序列。我们已经创造了一个形变序列，只要重复同样的外部条件，就可以非常准确地复制这个结果。

这种在二维空间绘制的序列图形实际是三维空间发生的连续事件（牵涉有人移动蜡烛）的影子。从某个角

种子与轮廓

　　隆冬时分,我们坐在火炉旁,温暖而舒适,肚子里填满了美味的夏季水果。我们都懒得活动,宁可在烛光下阅读故事,不肯挪动渴求睡眠、希望安宁的沉重身躯。窗外日落西山,半透明的薄雾中斜斜照来几缕冷冷的日光,让人心生希望短暂的白昼时光即将结束,光和色彩在雪地上投下影子,吸引我们离开燃烧的炉火和茶点。

图 17. 苏格兰东洛锡安的冬日景象。[钢笔，水墨画]

第二章 始终之辨

穿上层层毛料衣服，我们在覆盖着皑皑白雪、踩上去吱嘎吱嘎作响的道路上穿行，每从包裹着围巾的嘴里或冻得发麻的鼻孔中呼出一口气，都会喷出冰冻的白雾。在灰白的薄雾中，白雪让这边看起来蓝灰色，那边是黄色。树木站立如哨兵，在浅灰色的天空中留下深深的轮廓。阳光透过薄雾照射过来，雪花在阳光下闪闪发光，就像从地球内部闪烁的星星。甚至就连那数不清的六角形雪花在黑暗中闪烁着落下时，看起来也像夜空中的流星一样。难怪我们这么想睡觉！

昼夜的交替填满了清醒的时刻。在这白昼短暂、颜色微妙、星星在下面闪烁的日子里，天空似乎更加接近地面。站在冬日落日的余晖中仿佛置身于翘首绽放的花朵中间，闪烁着细微差别的花瓣色彩洋溢在空中。揭示它曾经是或将会成为什么，已在本质中赤裸呈现——却又不可触摸，只不过是一缕思绪。每天清晨当阳光重现于天际，迎接我们的都是这些冷冰冰的、关于结霜的叶子或窗玻璃上的冰花（无形植物的显现）的思绪。（图18）它们来自何方？它们会否始终在那里盘旋？来自天

图18. 冰花——无形植物的显现——来了？[黑色纸上的白粉笔画]

图 19. 豕草。[钢笔画]

上的植物世界,半年前瞬间被抓住,最后显现成花或叶子的形态。冰霜让一切活动静止、逮住思绪并且使生命僵化或停滞,甚至让我们的思想停顿。

地面冻得硬邦邦的,万物都停止了运动与生长。一切生机都隐藏了起来,大地看起来也寂然无声。白雪覆盖的大地上散布着无数心形的种子,它们来自何方?它们有什么用途?从前灰褐色的植物枝干僵硬地站在路边——尖利僵硬的物质在松软的雪地上挺立,拒绝腐烂(图 19)。在这里,整个世界浓缩为黑、白、灰的点、线、面。

在自然界里,硬朗的黑灰线条凸显于雪天一色之中,丰富的色彩与形状在天堂般的空气下瞬间变幻,两者迥然有别。这种外在世界的差异也反映在我们的内在世界中。仲冬时节,我们可以做美梦,也可以更清晰地思考。经过白雪清洗与薄雾磨炼、充满阳光的空气让我们的视线因为事物的清晰轮廓变得更警醒、更敏锐。

在雪中捡起一根光秃秃的灰色豕草枝干，我们把它带回家去作画，脑海中还记得夏天时它挺立在小路上：当时这棵豕草枝繁叶茂，上面长满了白色的伞状花序，在夏夜像灯笼一样闪闪发光。这棵植物现在何方？所有当时的路边伙伴，到如今剩下的只有灰色僵硬的枝干，光秃秃的枝条还呈现出当时的排列，直到最后一颗种子为止。在它们生命的尽头，新的开始也散布在雪地里。

写生

像豕草这样"轮廓"简单、结构明了的植物可以为我们的第一幅"写生"提供非常有用的素材。很多人不愿意写生，因为他们画不出跟眼前的物体有丝毫相似之处的任何作品。你也是这样的人吗？别担心！我们的目的不是画出完美如照片的植物，也不想把你变成职业艺术家。下面的练习目的在于让你学会更仔细地观察、增强感官的敏锐度。通过这种方式，我们探索双臂、双手和手指，把它们转变成灵敏的工具，从而唤醒更高的感官以体悟更精微的能量。随后的入门性练习将帮助我们放松，准备好这些工具，让它们变得足够灵活，可以跟随我们的眼睛学习如何去看。

> 我认为绘画作为常规教育的一部分应该得到严肃看待，包括在小学阶段……目的并不是要培养出大批画家和雕塑家，而是让人们学会观察，学会使用自己的眼睛……如果让他们绘画，他们就必须观察所画的对象；他们的画作或许会非常拙劣，但重要的是有那么一段短暂的时间他们曾经专注地观察一样东西。
>
> ——英国雕塑家亨利·穆尔（Henry Moore）

做好绘画的准备

这几则练习需要下列材料和装备:

- 几张价格比较便宜的绘图大纸(最好是600×1000毫米的)。褐色的包装纸(牛皮纸)、衬纸、新闻纸或糖纸就可以。

- 一个画架、一张画板——大小应该可以放得下你的绘图纸。如果没有画架,也可以把纸张固定在光滑的平面甚至垂直面上,比如墙壁或门板。

- 胶带和图钉,用来把纸固定在画板上。

- 软质(B或2B)蜡笔或其他黑色方形粉笔,你也可以使用碳棒。碳棒画不出蜡笔那种线条明确的直线,但是这种笔画出的更柔和的线条有助于表达枯萎植物干燥的脆弱性。碳棒的另外一个好处是很容易就可以擦掉。

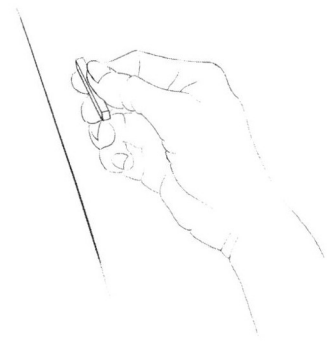

图20. 以这种方式拿蜡笔,把一个棱平放在纸上,略微用力挪动,这样就可以画出线条明确的直线或略微弯曲的曲线。

把第一张画纸固定到画架或另外一个垂直面上,纸的中间与眼睛的高度齐平。你会发现,站在画架前面伸开胳膊有助于放松,同时在作画时也便于控制。拿一根蜡笔,像图20所示的那样握住。用笔的棱角可以画出线条明确的细线。线的粗细可以通过控制力量来调节。

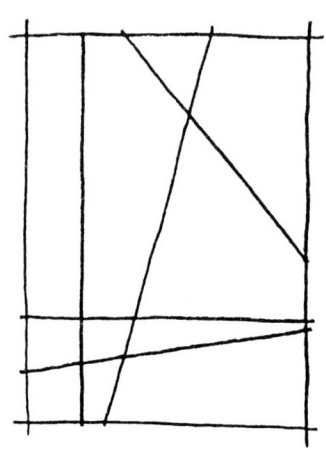

图21. 用直线作画。[蜡笔画]

首先要强调一点,你必须熟悉材料、工具以及面前的那张纸的具体大小。我们建议作为基础性的第一步,你最好先练习画直线！你会发现这件事并不像听起来那么容易与无趣。不管怎样，这样做可以让你对材料有所熟悉，还能帮助你克服最初面对一大张白纸时或许会出现的焦虑情绪。沿着画纸的四边画直线，了解一下画纸的大小，这样也就画出了边界：先画两条竖线，再画两条横线。画的时候缓慢而确定，坚定而不要太用力，有把握而又不呆板。画线的时候，把画纸上出现的黑色印迹看做是一条两端无限延长的直线的短短一段可见部分。四条无限的直线在画纸上交汇，从而界定了呈现画作的"舞台"的特殊版式。

登上这个"舞台"后，你可以介绍一下上面的"表演者"：竖线、横线还有斜线，每种线的画法都跟我们画四条边线的方式类似。你要把增加的每一种新元素都看作真实的"发生"，它们改变了画纸上的结构和平衡。如果你觉得已经画了足够多的线，创造了有趣且平衡的构图（图 21），那么就停下来。用同样的构图方式再画几张，你或许会喜欢用曲线而不是直线，好让图画更具多样性。

再回到豕草，首先我们必须学会以新的方式来看它。豕草是由哪些视觉元素组成的呢？我们会发现一束束的平行线以不同的角度围绕着竖线，线条都很直，只有略微的弯曲。这些平行线都以一种倒放雨伞的结构结束，许多线条从一个狭小的区域集中发散成杯口形状。

下一步我们来练习一下作画，先不画豕草，而是画我们刚刚描述的那种线条。另外拿一张纸，像前面的练习那样，确定四周的边界。首先，画一条竖线，然后顺着这条竖线的方向增加几条平行的竖线。从略微偏离最初画的竖线，再画上另外几束平行的竖线。所有的竖线都从纸的底部开始，但高度各异，有的向上发散，有的向两侧发散，形成皇冠的样子。组成皇冠的竖线粗细和大小都有所变化，从而构成一幅有趣的图（图22）。画的时候尽管画到纸的四周好了，这样线条就可以充满整张画纸，把空间分割开来。反复练习多次之后，你的双手就能更随心所欲，你也能对纸张的空间、是否成功的构图发展出感觉。现在这些空间完全在你掌握之中了，我们可以开始尝试画真正的豕草。

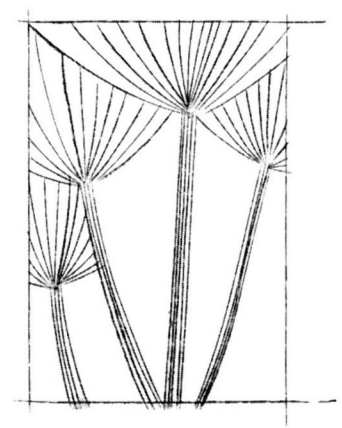

图22. 画豕草的预备练习。[蜡笔画]

画豕草

先花5到10分钟的时间仔细研究植株。用手触摸一下，感受它"骨骼"的质地，留意它结构的"重"与实际的"轻"之间的对比。熟悉一下整体的比例、高度与宽度的关系。从根部顺着枝干看到顶部，留意分节时的节奏顺序、分枝情况以及每次分枝时方向的变化。对比一下主干在分枝前后的粗细，侧枝总是比主干要细些，而且每根侧枝都被叶基的干枯叶子包围着。留意主干和侧枝之间的距离，最后，研究头状花序的结构，注视它们最细微的细节模式。

然后把这棵豕草放进一个瓶子，把瓶子放在一段距离之外，以便观察它的全貌。另外拿一张纸，按照我们练习时的做法，用四条直线确定画纸的边框。为了确保画纸能画下整棵植物，在开始作画之前先用手臂仔细度量一下。注意把整个纸面都派上用场（图23）！然后开始放心大胆地画豕草。在每条线上，都尽量体现出结构的干燥、轻盈与坚实。画的时候从下往上画，就像建筑师修建住宅一样。目光尽量凝视植物，就像你在用目光触摸它、跟随它的成长轨迹一样。当然，你时不时地也需要观察一下画纸来调整线条的组合。就这个练习来说，重点在于你的目光要凝视作画的对象，而双手却在纸上记录你目光的移动。目标在于真实地再现你观察到的植物。不要期待第一次尝试的画作就能非常完美，但是不断地练习会帮你改善结果，让你越来越有信心。

在这次练习中，我们尝试了"从新视角"观赏植物，同时尽可能准确地加以描绘——就像现在的样子那样。你可以试着练习一下这种用"冷眼旁观"的方式，试着去从矿物体的角度观察世界，尝试连续多天画同一样物体。留意你的观察能力和在纸上重现观察结果的能力的进展。观察静止、死亡或"冻结"的植物更容易些,但是如果养成了这种"冷眼"观察的习惯,你就可以专注于任何你喜欢的事物的物质外观并在图画中清楚地重现。

你会发现,这是通往植物世界的重要途径。通过准确地描绘眼中所见,我们就可以摆脱事物"应该"有什么样子的偏见,并且在这个过程中经历一次"净化"。

图23. 豕草。[蜡笔画]

图 24. 通往橡树林的道路。[钢笔和淡水墨画]

遇见橡树

继续前行，穿过一片开阔地，我们就看到了树林的入口，一棵棵树像守护者一样庄严地排列。靠近之后，形态各异的树木在树林的边缘波浪起伏，让我们不由心动。灰暗的天空下，枝枝干干纵横伸展，向各个方向伸出赤裸的手臂，共同组成了边界。在各种各样的形态中，我们立刻就会发现一种熟悉的树，半英里之外，橡树就脱颖而出。我们如何"识别"橡树？是通过什么判断？是树干？树枝的角度？还是树冠上嫩枝的聚集情况？没有人给我们讲过橡树各个组成部分的详细情况。实际上，一旦开始仔细观察这些细节，我们心目中的橡树形象就消失了！甚至可能出现那种熟悉的时刻——我们开始怀疑那是否真的是棵橡树！

我们来研究其中的一些细节。挑选一棵树，先从远处观察，看看它跟周围别的树的关系：它在所处的环境中处于什么状况？从各个方向都观察一下，树的整体形状如何？再走近些，注意树干的粗细与高度的比例、主干与枝条的比例。观察一下树枝侧生的方式，看看它们是如何以看似杂乱的方式从不同的角度与主干分开的。枝条变得越来越细、数量越来越多，不过仍然带着那种很有特点的弯曲，直到最后扇形的小枝"加冕"了每一个主枝。从远处看来，整棵树似乎有些"开裂"。请忆起夏天它枝繁叶茂的样子。

走得更近些之后，请注意旁边另一棵树枝干系统的缺口。橡树的枯枝或疤痕都很明显，在树的主干下面，冬季寒风吹下的许多细小枝条或许就掩盖着一根粗大的枝条。

仔细观察一根嫩枝，或者观察一棵两年或三年的树。在这块空地上我们可以找到几棵这样的树，而且树枝上嫩芽的组织有一个明显的规律（图25）。在每年增长的枝条根部，都有几个细小的紧密盘绕的嫩芽。我们会发现，嫩芽顺着树枝的排列并不规则，间距越来越大，到枝条末端的时候，螺旋形排列得更加紧密（间距缩小）。在枝条的顶端，它们会靠在一起（有5到7个嫩芽），辐射状围绕着最后那个肥大的嫩芽。夏天的时候，橡树枝条外沿的树叶会给人一种略微分开、枝条丛生的感觉。

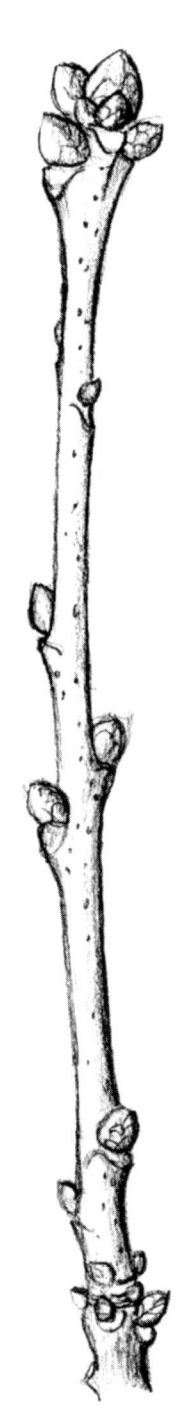

图25. 橡树嫩枝展示一年的生长【从底部的环（上一年的苞芽），到枝条尽头的顶芽】。[铅笔画]

嫩枝上腋芽不规则的排列让我们想到了成年树上不规则生长的庞大枝条，还有波状起伏的叶片上的不规则叶脉。看起来似乎橡树有韵律地时而向外伸展，时而收缩。把嫩枝跟老枝作比较，我们就可以对生长的模式的有所感受（图26）。每年的生长都以树枝周围的一个紧凑的圆圈（芽鳞的瘢迹）作为结束（或开端）。从这根树枝可以看出，一年之后，生长的方向发生了变化，已经换到了另一个方向。这是因为顶芽死去之后，一个侧芽取代了它的地位。橡树生长到一定年限后，这种情况就经常出现，在这幅图中，在八年的生长时间里，这种情况出现了两次。就英国本土的树种来说，橡树比其他树种更适合某些动物栖息。其中一种昆虫经常会以肥大的顶芽为食物，因此才会出现一簇侧枝。有些侧枝脱落后，我们就看到了典型的"橡树肘"。这种在枝头顶端发出一个新枝的生长情况似乎是橡树的一种"标志性特点"。从细细的嫩枝到枝繁叶茂的橡树，你能想象其中的"橡树生成"模式吗？

图26. 生长几年的橡树枝条。
[钢笔和淡水墨画]

图27. 一堆大小不同、形状各异的橡树叶。
[铅笔和淡水彩画]

看看散落树下的叶子（图27），虽然很容易就可以认出橡树叶，但你却绝对找不到两片相同的叶子。描绘一些树叶的外形，然后按这种规律自己画出橡树叶的各种变化。橡树叶通常在边缘你认为会出现尖角的地方有些裂开。橡果的情况如何呢？

再仔细研究一下叶子的形状，你或许会为树叶边缘不规则的裂纹感到吃惊。这跟细枝周围嫩芽不规则的分枝潜势多么相似，跟树的整体形状分布多么相似，这在夏天尤其明显。每一根树枝顶端螺旋状突起的收缩都导

第二章 始终之辨 35

致"扁平叶"的形状,与树冠或叶子平滑的边缘,甚至橡果以及橡果外壳的边缘非常相似。"生活在"橡树成长的过程让我们可以辨别橡树生长过程当中的生机萌发和萧条(或者丧失生机)的韵律。甚至就连偶尔出现深深裂口的粗大树干(图28)也带有同样萧条(丧失生机)和生机萌发的意义。这种融生死于一棵树的悬殊对比,正是前基督时代德鲁依教认为橡树神圣的原因之一。

图28. 橡树树干。[铅笔画]

到现在为止，你应该已经明了，我们观察橡树的方式和此前观察豕草的方式非常不同。我们更多的是进入了橡树的"空间"或"存有"，就像我们走进树林那样；而在观察豕草时，我们始终处于旁观者的视角，客观又冷静。在这个过程中，开阔、萧条、硬朗的旷野被软化，带上了包容、接纳的温情。脚下的土地不再那么坚硬、冰冷，在松软、肥沃、略带潮湿的土地上，厚厚一层地毯般的黄褐色树叶承托着我们的脚步。空气也变得更加浓郁、柔软。在这里思考更加困难，但是以一种近乎梦幻的方式，我们意识到叶片的每处起伏、枝干的扭曲、嫩芽和橡果的形状，都以某种清楚的"橡树"方式彼此关联。这就是我们从半英里之外就"看到"，并下意识认出来的东西。随着我们逐渐意识到橡树的"姿态"或品性，我们不由得要思考橡树是如何生长的、它们各种形态的发展过程以及是什么原因让它们有了可以让人识别的准确特征。我们开始感觉自己很清楚橡树是"谁"，而且在兴趣中被橡树的存在所"包裹"。我们可以通过这种内心识别的方式"成为"橡树，就像冬季天空的颜色笼罩我们、唤醒并回应我们灵魂的颜色一样。

品味大自然中（比如橡树）的神秘和内在的深度后，我们就看到了冬季的另一个面向（相对于坚硬、严谨、骨架般的线条）。下面的绘画练习将会引导我们在坚硬、精准的世界和同样明显（尽管处于另一层面）的"存有"之间架起桥梁，这也是一座事实与表象之间的桥梁。

凭记忆作画

我们建议冬季外出漫步的时候，寻找一棵合适的成熟橡树，一棵轻松地就能把握其整体形象的橡树。请选择你认为最具特点的橡树。仔细观察 30 到 40 分钟后（如果你能忍受寒冷的话），总结你全部的观察所得：树的整体形态、角度、生长规律以及各部分的比例。（你可以借助身体的某些部位来测算，比如伸出手臂，用两个手指之间的距离来估算树各部分的比例。）在脑海里核对所有的观察细节（愿意的话你可以做一下笔记），务必保证你要尽可能多的记住关于这个特定位置的这棵特定橡树的信息。然后回家喝一杯茶，开始凭记忆描绘这棵橡树！（这种细节观察的练习如果以小组形式一起做，大家轮流向其他人描述自己的所见所得，会更轻松，也可以让你有更多的收获。）

画主干前，先画出整棵树所占"空间"的大致轮廓（图 29）。这可以为你提供一个让树生长的"模子"，先由主干开始，然后到主枝，一步步分成更细微的线条。当然你不可能记住每一个枝条，关键在于，只要你明白枝条分叉的规律，它们又是如何纵横交错、交织成网络，你就可以在

> 只有可以凭记忆画出来的，才是我真正明了的东西。
> ——歌德
> （Goethe）

绘画时随意地复制、"模仿"这种规律。试着用一些不同的绘画材料：炭笔、粉笔、蜡笔、软铅笔、钢笔、圆珠笔，或者混合使用多种画笔。画完之后，拿着你的作品去跟你画的树对照一下，看看画得是不是很准确。

解构有机体

相对于描绘面前的实物，凭记忆作画可以让我们更

图 29. 画主干和纸条之前，先画出整棵树所占空间的大致轮廓。[铅笔画]

图 30. 凭记忆画的橡树。这棵树生长在苏格兰一条乡村道路的一侧,沿路生长的树非常稀疏。[钢笔画]

深刻地体味自然。为了从记忆中再现某种事物，我们必须在某种程度上与它融合。在努力再现的过程中，我们变得惊人地（有时候是又惊又喜）清楚自己观察到和没有观察到的东西。弄清楚最初错过的东西后，我们就可以再回去观察那棵树，完成记忆中的图画，从而再次凭记忆画一幅画。（如果观察之后、作画前睡上一夜，效果甚至会更好。）经常有规律地这样练习可以培养我们观察和记忆周围环境中的"整体性"感知。

或许你也可以试着完全像画豕草那样画橡树。这种练习只要画一根树枝就足够了（图 31）。同样，还是抛开心灵的所有深刻感受，让目光变得纯净。尽量准确地描绘你看到的一切，然后对比跟画豕草时的感受差异。注意到其中的差别了吗？你或许会发现，通过这种方式描绘树难度更大些。丧失了生机的豕草已经枯萎，走到了

> 单纯复制观察所得没错，但只在大脑之中描绘更好。在转变过程中，结合想象力跟记忆力，你画出的只是印象最深的东西，而这正是最不可或缺的。
>
> ——埃德加·德加
> （Edgar Degas）

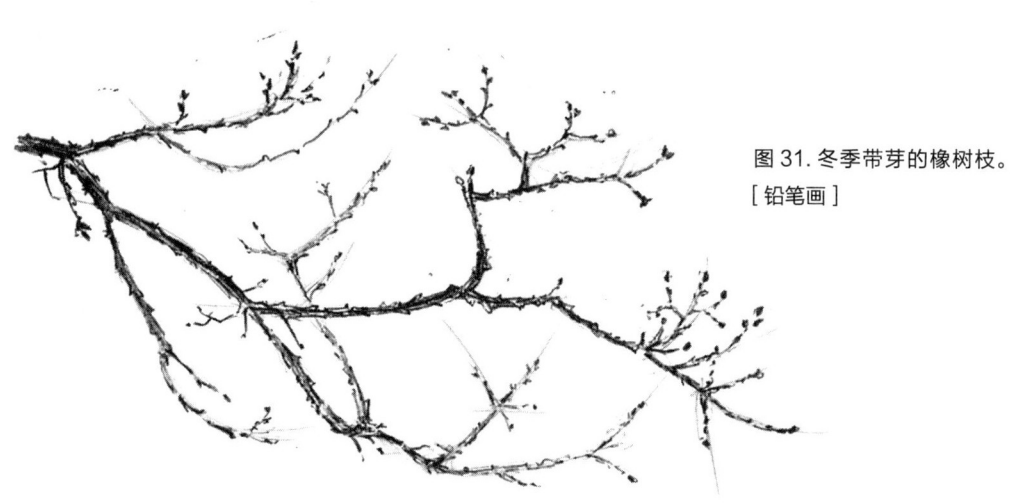

图 31. 冬季带芽的橡树枝。
［铅笔画］

生命的尽头。橡树却处于生命历程的中期，只是在仲冬时节短暂停止了生长而已。从橡树上，我们可以看到生机、潜力或与矿物质相反的体现。通过初始的方式，把我们的观察结果"解构"成为有机体的终极组成部分或孤立的部分，我们可以体味生命的特点。这种做法可以让我们在内心"回应"或梳理植物开始与终结的过程。

我们提到的潜藏的"尚未形成"的力量特别强大，它位于一年的生长末端、同时也是新的一年生长开端的嫩芽处。

画橡树芽

从树下捡一根掉落的树枝，仔细观察上面芽的分布韵律和末端团簇的芽。用素描的方式，描绘树芽的空间排列情况、它们膨出的形状以及附着到树枝上的方式（图32）。跟豕草图不同的是，定义嫩芽形状的这些线条，被内部迸发出来的勃勃生机所包围！请注意包裹嫩芽的凸线和连接嫩芽之间的凹线的对比。每个嫩芽下面都有一个小小的"基座"，而基座下面的疤痕就是上一年叶子生长的地方。

把握了嫩芽的形状和分布后，你或许希望在画中增加光与影。重新开始一幅新的图画，在一大张白色画纸上（长60厘米、宽40厘米）用炭笔作画。首先，用淡

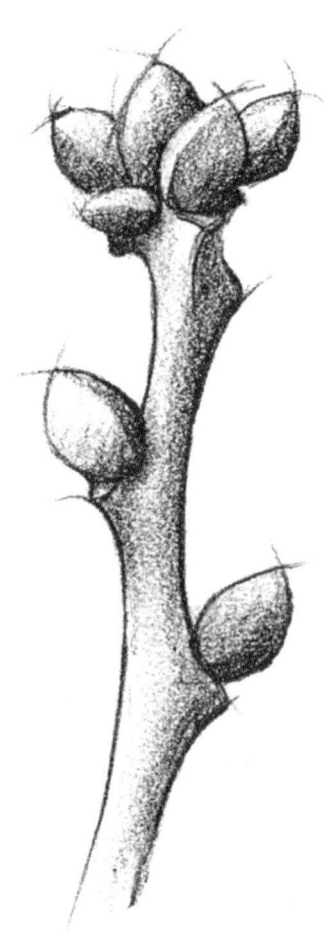

图32. 带芽的橡树枝。在最初的草图中，注意简化形式，尽量表现出嫩芽的凸线和树枝的凹线。[铅笔画]

淡的几笔画出树枝和嫩芽。用炭笔的平滑面在纸上画出浓淡不一的影子，把树枝和嫩芽留在光亮区域。把嫩芽周围的空间画得略微亮些，从而在凸出的形状周围营造一种"呼吸"的感觉。最后，在树枝和嫩芽之外的空间描绘出更多层次和浓淡的差异（图33）。

图33.冬季的橡树芽。黑暗的底色衬托出树枝和芽的立体感，同时赋予了动感与差异。树芽周围亮一些，以在饱含生机的嫩芽周围创造出一种"呼吸感"。[木炭画]

光与影的运用会帮你在空洞的线条中激发出生命感。让嫩芽显得比周围亮些,可以体现出它在冬季的阴影中潜藏的生机。

结束还是开始

橡树将从去年结束的地方开始生长,无数的嫩芽围绕在枝干边缘,迸发出新生命。许久以前,这棵橡树从橡果开始生长,而橡果正是母树开花(然后死去)的结果。世上存在真正的结束和开始吗?或仅仅是时间轮回的脚步?

图 34. 冬季带橡果的橡树枝。
[钢笔、铅笔、淡水墨画]

到现在为止，我们已经熟悉了整棵树、树干、枝叶和嫩芽的"橡树曲线"。从橡树的果实和果萼的特殊形状，我们都可以看到同样的"橡树曲线"模式。橡果实际上就是橡树。果萼本身由许多细小的鳞片组成，就像小型页裂或把叶苞压缩进木质浅碟一样。我们把橡果取出来，更加仔细地查看橡树的开端（图35）。如果弄不到橡果，你可以用任何其他植物的种子。如果没有放大镜，杏仁、榛子这样大些的果实观察起来更容易些。

闪着光泽的卵形橡果就像经过打磨的古代餐桌（当然了，是橡木餐桌）。在橡果与果萼的接合处，我们会看到有一个颜色苍白、形状不规则的瘢痕，种子夏天生长的时候，就从这里得到养分。在橡果的另一端，一个浅浅的凹陷处有一个坚硬的突起，那是橡树花的印记。你见过橡树的花吗？

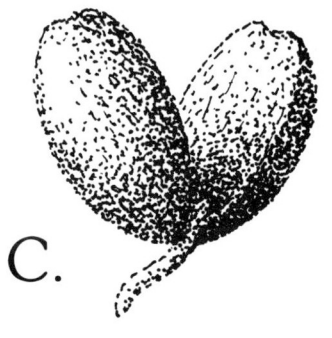

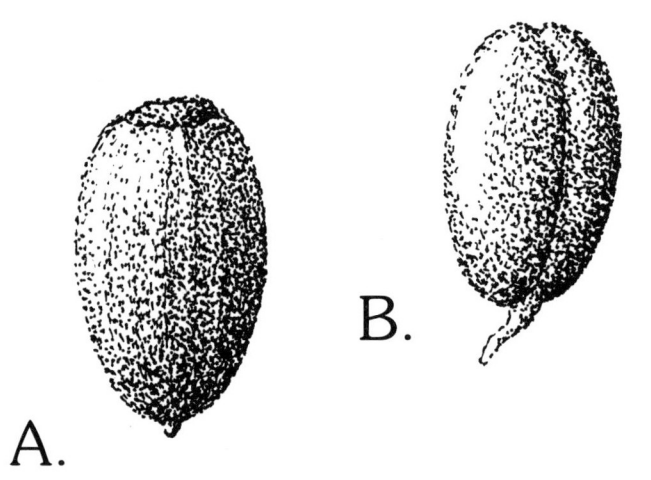

图35. 橡果。图 A 是刚刚从果萼中取出的，倒转放着的橡果（参见图34）。图 B 的橡果已经剥去了坚硬而有光泽的种皮，露出了子叶以及刚刚萌出、将来会成为树根的幼根。图 C 的子叶略微分开，为的是露出胚芽，在此阶段，将来枝繁叶茂的橡树就不过如此。[钢笔画]

第二章　始终之辨　45

剥开富有光泽的表层，我们会为更加富有光泽的内侧感到惊讶。坚硬的表层脱落后我们可以看到一团饱满、富含油脂的黄白色物质。（在中世纪，这种物质是猪的重要饲料，因为各个城堡、乡村或市镇的橡树林中都养着猪。）橡果的表面可以看到叶状的种皮造成的缩进的脉络。上半部分（就像当初包在橡果内部那样）有一处狭小的白色突出，此后逐渐变成明显的两部分。把子叶剥开，我们会发现突出部分实际上就是这棵处于胚胎阶段的橡树未来的幼根。处于生长过程中的幼根上朝着天空！在对侧，位于非常娇弱的结合处的下侧（在我们图画的上方）、被富含油脂的子叶遮护住的是第一片叶子的微小萌芽，只有借助放大镜才能看得清楚。

种子在黑暗的内部空间上下颠倒的发展为许多更高级的植物所有。你可以研究见到的任何植物果实，比如鳄梨、栗子、樱桃、榛子或其他坚果。在第六章中，我们会进一步研究开花之后作为发展结果的果实的形成过程。如此看来，橡果究竟是开始还是结束呢？

在开始与结局之外

在精心观察了橡果后，或许你想准确地用笔描绘一下。你需要一只放大镜。回忆我们凭记忆描绘的那棵橡树，你能填补从橡果到橡树或者从橡树到橡果之间的空白吗？某一天即将由这颗橡果长成的那棵橡树现在何方？橡果又是怎样长成具有橡树而不是山毛榉特点的树呢？

据我们了解，在每一颗种子中，作为遗传基因主体成分的染色体都以一种简易方式标明了这种植物的特点。这种高度复杂的信息处于休眠状态，就像合上的书，直到适当的时机，书才被打开，人们阅读其中的内容并付诸行动，如同食谱书一样。但是谁来阅读橡果中的脚本呢？橡树，尤其是这棵特定橡树的言语，将来会在那棵庞大的橡树的每一片树叶、每一根树枝和每一片芽鳞中得到再现和重生。是谁在解读这些信息，并将其转译成特色分明的弯弯曲曲的枝桠呢？是谁让树叶在春天再次生长，决定何时在何处开花呢？最早又是谁在染色体中写下了所有关于这些问题的指令呢？

从寒冬时刻的一根根矿化的枝桠中，我们学会了如何去观察和描绘其中的内容。学会如何在无形的整体背景中记住这些细节并加以复制，从记忆里，在整体的光中，我们发现自己陷入了无穷大、也属于冬季的"似是而非"的问题。这些思考如同冬日夕阳的余晖及温暖的阳光照耀下的冰花一样深广又稍纵即逝。带着这些问题，我们可以深入及单纯地观察春天的情形，到那时所有结果都将逝去，而开端也将另有旨趣。

整棵植物代表的正是嫩芽或种子中潜在力量的实现。只要具备合适的外部条件，嫩芽和种子就会发育成完整的植物形态。嫩芽与种子之间的唯一区别在于，后者发展的直接基础就是大地，而前者代表植物自身的形态。种子代表一种更高形式的植物个体，或者说，代表着植物形态的一个完整周期。随着每个嫩芽的形成，植物实际上都进入一个新的生命阶段，为了再次发展而积聚力量。因此，嫩芽的形成是对植物生长过程的打断。如果缺少真实的生长条件，植物的生机可能退减到嫩芽上，而这样做的目的正是为了将来条件合适时再次生长。冬季对生长过程的打断正是以此为基础的。

——鲁道夫·斯坦纳：
（Rudolf Steiner）
《歌德的自然科学》
（*Goethean Science*）

第三章

它来了

早春的觉醒

春天悄然而至。和煦的阳光、温暖的春风吸引我们走出家门,追随春天的脚步。众鸟啁啾,新的生机让人欢呼,在微妙的春日气息和一丝新绿的引导之下,我们沿着冬季走过的道路走来,却发现一路皆是新面孔。黑白灰的世界里的那些枝干和轮廓鲜明的枯枝已经悄然改变,取而代之的是嫩枝和零零星星的棕灰色的腐殖质。虫儿复出,冰冻的光秃秃的土地已经消融,大地生机勃发。在去年留下来的让人乏味的灰棕色残迹中,出现了翠绿的穗状花序,新一年的开端悄悄展开。遗忘了狂风、雨雪和去年的冰冻,那些最柔弱的嫩芽——包括谷物、青草和香草——都开始向上伸展。

冬日天空中变幻的色彩如今已经让位给柔和的黄色和暗绿色,有时候是明亮的白色,寂静而耀眼,春日最早开放的黄色和纯白色的雪花莲与冬天的乌头相互应和。作为春的使者,"雪花莲"这个名字多么美妙啊,穿过雪层,它舒展翠绿的叶片,开出雪白的花朵。雪花莲性喜寒凉,如果挪到室内就会迅速枯萎。当四周仍是一派沉闷的棕灰色时,这些充满生机的深绿色嫩芽和下垂的鲜

图 36. 早春的雪花莲。[钢笔画]

花是如何突然遍布树林和花园中的呢？它们来自何方？

在晚秋的落叶下或灌木丛中，你或许曾经注意到在风雨侵蚀之后，周围的地上露出带有白色尖头的褐色圆球。在冬季，当地面上了无生机的时候，它们的根却在球茎底部的周围积极生长；甚至在一年当中最冷的一月，它们的白色芽尖就已经开始在冰雪中努力向上推进、变绿。

收缩到球茎状态是植物越冬的另一种方式。我们可以把这种情况跟上一章中有所了解的嫩芽和种子相比较。本章我们的故事会更进一步，但首先我们还是观察一下雪花莲从球茎开始的演化过程。

生长中的雪花莲

正像早春时节清理花园里的冬天残骸时经常出现的那样，如果在开始园艺工作的最初几天挖出一棵雪花莲，我们难免会为生长中绿色嫩芽的生机和柔嫩感到惊讶。在逐渐腐烂的褐色表皮之下，随着两片矛形叶子的迅速生长，球茎也开始变得柔软有弹性。交叠在叶子之间比较方正的空间里，我们会看到顶部略微有些膨胀的淡绿色花穗。这一部分将长出挂在细长的淡绿色茎干和隆起的"未来果实"上的低垂的水滴状花朵。

追随这个奇妙发展过程的最佳途径就是绘画。或许你

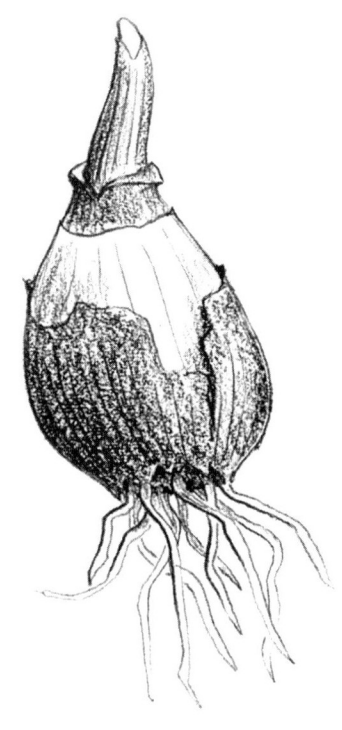

图37. 一月时的雪花莲球茎。[铅笔画]

图 38. 雪花莲。[铅笔画]

会愿意自己去描绘雪花莲或其他球茎植物。我们之所以选择雪花莲，是因为这种植物在英国广泛分布，而且是花园里较早的园艺花卉。如果要挖球茎来观察、描绘，请在那些分布密集的地方挖，然后再将其移植到可以继续生长的地方。你也可以从园艺商店购买球茎（比如水仙花或风信子），冬季在屋内，从玻璃器皿或花盆中观察它们的生长。

描绘发展过程

选好植物和趁手的画具之后，就可以开始作画了，你应该在纸上留出足够的空间让植物"生长"。你可以把它们画得比实物大些,但必须保持相同的比例(因此开始时按实物描绘是最容易的)。

设定一天中的某个时段,或某天,或一周中的某几天为作画时间,然后尽可能地按照雪花莲当时的情况进行描绘。每次画下一幅图之前,先对照此前的画看看你所记录的不同部分发生了什么变化,这对作画很有帮助。你甚至可以用铅笔画一幅最初的草图,然后修改到第二个阶段,一次次修改直到按当前的生长情况进行描绘。这可以把你带进植物生长的过程——随着时间变化发生

图 39. 一月到四月间南苏格兰雪花莲的生长过程。[钢笔画]

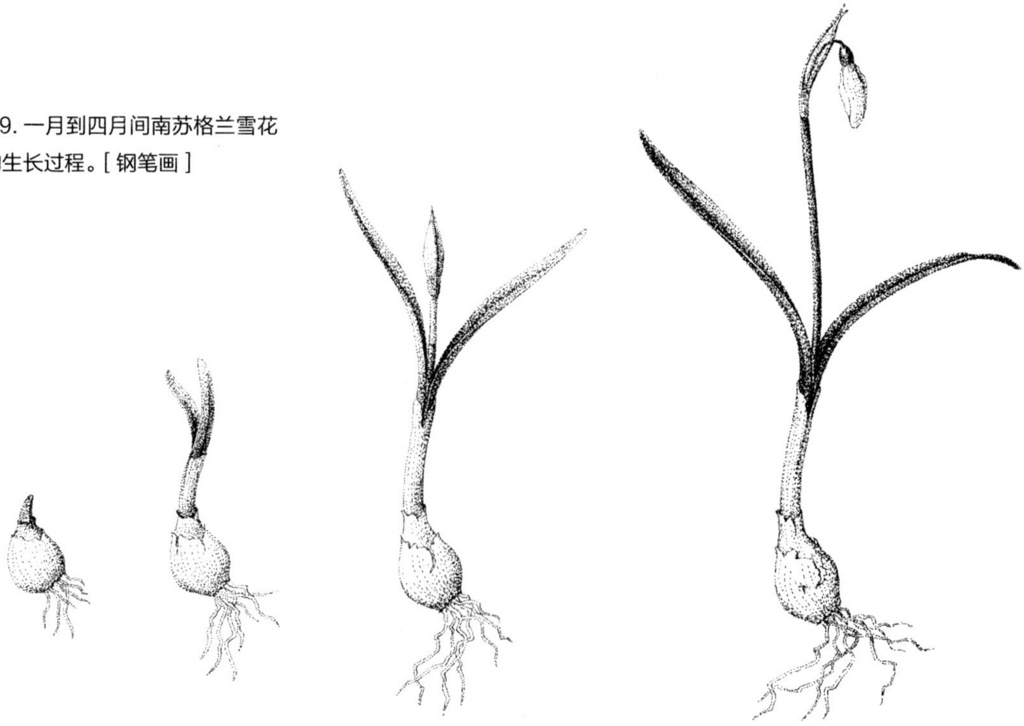

的有机演化过程。

  图 39 展示的是我们描绘的从一月到四月间南苏格兰地区雪花莲的生长过程。画完植物的整个生长过程（别忘记它的衰亡及收缩阶段）后，让自己跟随想象的清流，安住在你所捕捉到的一系列持续流动的"足迹"发展过程中。如果让自己随着雪花莲从球茎逐渐生长，到花繁叶茂，经历结果及随后的发展，在越来越接近开花的时候，你是否能够感觉到体内越来越不同的温柔的伸展和扩张运动？在结果之后，现在随之而来的柔软的叶子枯

萎凋零，球茎再次在夏季凝结膨大，为接下来的冬季和春季做准备。此时你感觉如何？

形象思维

如果希望深刻理解植物的发展过程，我们必须借助内在那种类似于外在自然界的生长过程，类似于形成与衰亡的力量或活动。刚刚与雪花莲一起体验的内在力量就是形象思维的能力。我们刚刚通过形象思维的应用，跟随雪花莲在时光里展露它的"思想"：首先是冬季的球茎里浓缩的"打算"，然后长出绿叶开出花儿，最后结果并在地面上消失。如果连续几年观察几株雪花莲的发展过程，我们就会发现我们形象思维的泉流和雪花莲的发展过程"融为了一体"。然后我们就会明白雪花莲的形成跟我们的幻想生活是一致的（你只要想一想不管是黑夜还是白昼，做梦的时候，影像是如何跳转就行了）。

在雪花莲的发展过程中，我们已经完整地记录了它在不同阶段的发展与衰退过程。在这个例子里，我们的幻想与非常真实的生活场景联系在一起了：随着时间的推移，"关于雪花莲的概念"逐渐具体显现为"关于雪花莲的现实"。我们观察到的事实就像被感官和绘画凝结的不同发展阶段；但是通过形象思维"目睹"的能力，我们明白了生长的过程是一个流动的活动。歌德称这种活动是"精确的感知幻想"。这种技能人人都具备并且每天都在使用，比如我们看到某人看上去很疲惫就给他沏茶，或者看到某棵植物需要浇水等，但是如果希望研究生物的生命过程，我们就需要把这种技能发展成有意识的工具或活跃的感觉器官。

嫩芽舒展

现在，让我们用这种能力追随春天的另一种现象——嫩芽的绽放。在此我们选择的是七叶树嫩枝（图40），因为这种树枝比较大，不过你也可以根据自己的方便选择其他种类的树枝。如果不能按照固定的时间间隔到户外去观察，你也可以砍下一根树枝带到室内。当然了，最好还是每天在同一时间去观察树的变化，比如早晨在小鸟啁啾的时候去观察半个小时，或者在午休时间，又或许你愿意拿着素描簿在春天的阳光中坐一会。我们再次建议你在尽可能相似的光线之下用同样的材料、以同样的比例作画。

在画纸上留出后续的发展空间后，请尽可能描绘出嫩芽的细节，尽量再次体会我们在上一章发现的迸发的潜力。嫩芽一旦开始舒展，发展会非常迅速，所以你可

图40. 带顶芽的七叶树嫩枝。[铅笔画]

能不得不调整作画的时间间隔,这样才能捕捉到更多的发展阶段。图 41 展示的是一个七叶树的顶芽(嫩枝的顶端)从二月到四月中旬间的生长。

这个顶芽将顺着它所在的树枝继续生长。顺着嫩芽往下几英寸的地方,我们会发现某种像卷起来的袖口的

东西(图 40)。这是去年顶芽的芽鳞在树枝周围形成的横向疤痕。你能想象去年这个时候这根树枝的情况吗?从"卷起的袖口"到顶芽之间生长出来的,和图上描绘的马蹄状伤疤的叶子都是源自去年的顶芽。春天叶子舒展,茎秆抽伸,正如今年正在发生的一样,然后茎秆变得坚硬,转成棕灰色,秋天叶腋长出新芽,落下老叶,同时

图 41. 从二月到四月中旬间一个七叶树顶芽（这里是叶芽）的生长过程。[铅笔画]

新的苞芽膨起做好越冬的准备。请试着从冬天的情况开始，运用想象力跟随树枝走过整个生长过程。

顺着时间的先后顺序想象树枝的生长之后，或许你还想试试逆着时间顺序体验一下，这一年的生长退回到嫩芽里，回到你刚开始的地方。你可以比较下跟随两种时间运动——去往未来及回到过去——之间的区别。

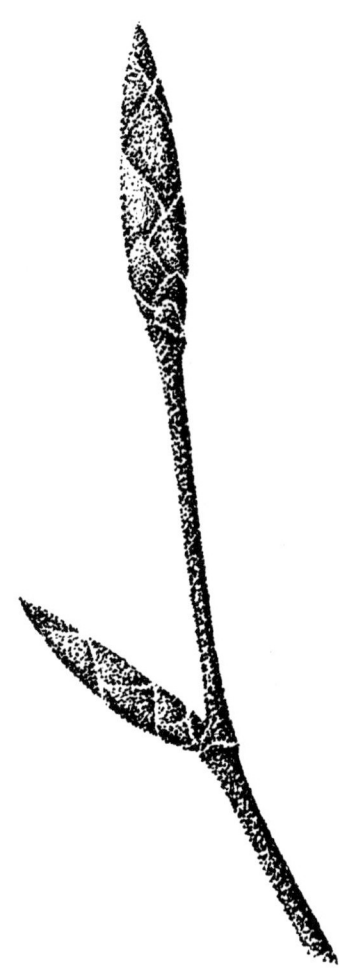

嫩芽内部

冬季,嫩芽都包裹在深褐色或灰棕色的、由小叶子脱落变硬之后形成的苞芽里。春天嫩芽开始膨胀时,小苞叶会被顶开,可能会剥落,露出更大的苞叶,长些的苞叶都有绿色的生长中的基座(参看图41的七叶树顺序)。根据你选择的树种的不同,你可能会看到数量多寡不同的嫩芽,都朝着内部的中心茎秆生长。到最后,第一批真正的叶子就显露了出来,最初是一簇,继而展开成为一个平面,顺着茎秆螺旋向上生长,同时新叶继续从原来的嫩芽里扩张出来。你能体会这种嫩芽舒展和雪花莲从球茎的褐色外膜中萌芽之间的相似之处吗?

每一片新叶的叶腋处都潜藏着一个新芽,到夏季末,随着嫩枝逐渐变硬、变成褐色,下一年度的嫩芽就已经在叶腋处形成。如果我们在冬季剥开一个嫩芽,就会发现所有叶子都已经完美地成形,随后将沿着叶茎的生长

图 42. 一月的山毛榉芽。对比本图和图 44、图 45。[钢笔画]

图 43. 本图描述的是图 42 那种山毛榉树顶芽经历的形态变化过程(从左至右),比本图和图 44。[铅笔画]

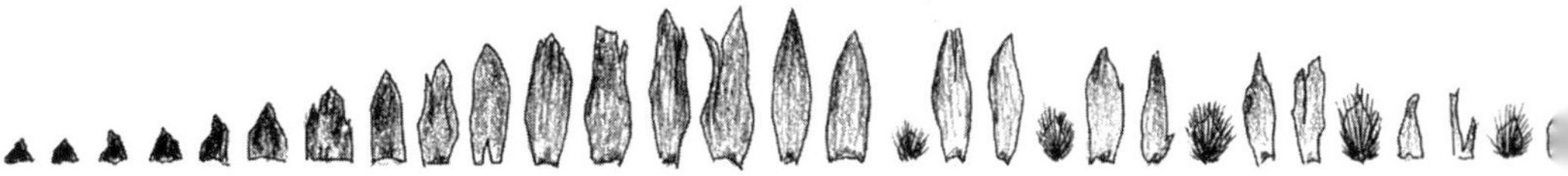

图 44. 春季山毛榉树枝开始长叶。[铅笔画]

依次展开。图 42 展示的是一月的两个山毛榉芽，图 43 则是顶芽自外及内剥开后的内容物。把这幅图跟图 44 相比较。小小的嫩芽里包裹着所有这些内容，真是难以想象，然而它们的确都在嫩芽之中，已经准备好了要伸展、膨大，只等春天的到来。如果我们没有分解这个嫩芽，那么图 42 中的这些毛茸茸的细小叶子将长成与图 44 同样的柔软的绿色山毛榉叶子。每年的夏末和秋季，每棵树上都会发生成千上万次准备生长的过程，然后又在每年的春天伸展、绽放，年复一年，年年如此却又有细微的差异，直到整棵树终于伫立。你能想象得到吗？

图 45. 春季山毛榉嫩芽开始生长。[铅笔画]

你可能会愿意这样做：早春，在嫩芽舒展之前描绘它（通过观察），然后试着想象第二天它会发生什么变化。你可以画一幅预测草图，第二天再验证自己的预测是否准确。让植物纠正你，再按照实况重新描绘。这不是测试，而是预测实况的练习！画一幅你所预测的下一阶段发展草图，然后再观察嫩芽，根据观察到的情形画一幅图；在每一个阶段开展前都画一幅预测图，再根据观察画图。到最后，你就会有两套连续的图：一套源自观察（图 45），一套源自预测（此处没有附上）。把两套图放在一起比较。

这里描述的所有练习都有助于我们缓慢地发展与训练自己的形象思维能力或"精确的感知幻想"，以便通过这一感知来体验生命体的发展过程。你会发现自己已经能够开始"开启内在之光",正如肉眼之光能把太阳照耀下的万物在脑海里形成图像是一种感观能力一样,"内在之光"点亮了我们对发展进程的理解。

想象与流水

在观察植物生长的过程中,你或许已经感觉到,为了从发展的一个阶段"游"到另一个阶段,自己必须沉浸到一种流动的媒介中去,这样才能真正体会。在我们的感官看来时光里一个个分离的"足迹",其实是一个连续的过程。通过与流水相比较的确可以进一步明晰形象思维的本质。想象一股水流从斜坡上流下的情形。在水流的表面我们会看到始终保持不动的"驻波"。表层之下创造出那些形状的水却始终处于运动状态,从不雷同。这就像把我们的想象活动显现成图画,从而可以在孤立、"静止"的形态——比如我们描绘的植物发展阶段——之间"流动"。

研究流水的运动和它在其他介质上留下的印迹,我们甚至可能发现跟植物生长的外在显化的相似之处。在松软的沙滩上,我们可以观察到退潮时海水撤退留下的复杂的形状。这些形状通常都跟初始的植物形态非常相似(图46)。

受到外力的刺激而产生韵律感是水的特性。如果在

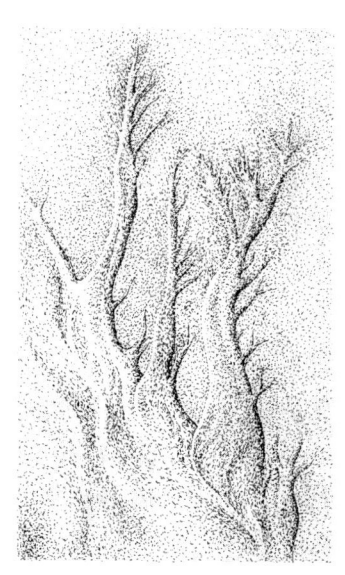

图46. 低潮期海水撤退,在海滩上留下这个形状。水流的方向是从上往下,然而形成的这个形状却像一棵由下往上生长的植物的雏形。
[铅笔画]

第三章 它来了　63

图47(左).仿施文克的画《敏感的混沌》(*The Sensitive Chaos*)。流动的图案是在装满甘油和水的混合物的浅盆中拖动画笔而形成的(从上往下看)。画笔是从上往下方平稳缓慢拖动的。从这幅图中,我们可以看出旋涡发展的"胚胎"阶段,如果更快地拖动画笔的话,旋涡的形态也更清晰(参看图48)。对比图47和图49。[铅笔画]

图48(上).完整旋涡形态的图示。这幅图是通过稍稍加快画笔的运动生成的。[铅笔画]

咖啡或茶中倒入牛奶，或者用棍子搅动路边水坑中的泥水，你都会看到有韵律的流动形态。只要水发生运动，这些图案就会出现，而我们需要做的，只是像扔进土块那样展现额外的变量。

通过另外一种更加可控的方式，你可以在下面的实验中制造并观察有韵律的流动形态：在一个浅浅的水盆（你可以用一块木板、四块木头和从塑料垃圾袋上剪下的里衬来自制）里按照1:1的比例装上水和甘油（甘油可以让水变得更具惰性，从而放低运动速度）。然后在水与甘油的混合物中加入少许水基银色或金色颜料。在内衬袋黑色的背景下，这种颜料细细的金属粉末可以使液体的动态看起来更加明显。在浅浅的液体表面，轻轻地拉动画笔或树枝就可以生成图47那样的有韵律的流动形态。

现在对比水流形态图和郁金香球茎纵切面图（图49）。乍看起来，相似的力量和运动能力同时显现在水流的韵律图和从层层包裹中生长的植物初期阶段中。

任何带有紧密裹在一起的叶子的球茎或嫩芽都是由层层叶鞘的包裹组成的，而水同样也是叶鞘状组织！通过另一个简单的实验就可以证明。把一个圆柱体的大玻璃容器装满水，然后快速搅动，制造出一个循环的旋涡。当它开始放慢速度时在旋涡中心滴入一滴黑色墨水。此时你眼前的水中魔法般颤动着美丽的叶鞘包裹状的组织。

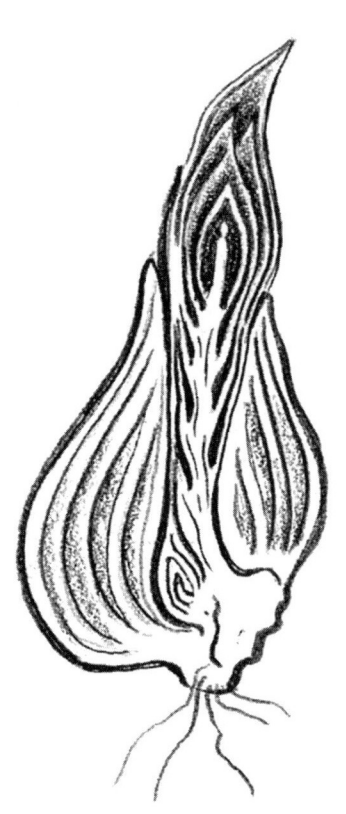

图49. 郁金香球茎纵切面图。请留意球茎中心有韵律的生长模式，每一层有韵律的连接都代表着生长中的叶片。[铅笔画]

第三章 它来了 65

流畅性练习

现在让我们借助一些绘图练习（图51）来锻炼想象力以及双手。这些练习最好用白粉笔在黑板上、或者用黑色的粉笔或蜡笔在廉价的大幅新闻纸上完成，以便反复练习。用笔请大方些，不要仅局限于双手，而是调动整个身体参与这韵律运动。

图50. 振幅不断增大的韵律波型绘画练习。[铅笔画]

享受每一根线条上下前后里外的简单与和谐，让自己的呼吸也参与其中。请照顾到每个从下方升起的波浪在上面都有对应的部分。体会笔下的线条是如何成为上下之间"敏感的连接"（图51）。

图51. 线条成为上下之间"敏感的连接"。[铅笔画]

感觉每根线条是如何从上一根线条中生出并增加运动幅度的。在练习一系列波型一段时间后，我们就可以进展到把连续的不同阶段融合为发展的曲线。

图 52. 把图 50 的不同阶段融合成为连续的曲线。[铅笔画]

下图是这些波形的一种变体，我们同样可以把它的不同阶段融合为一条曲线（图 53）。

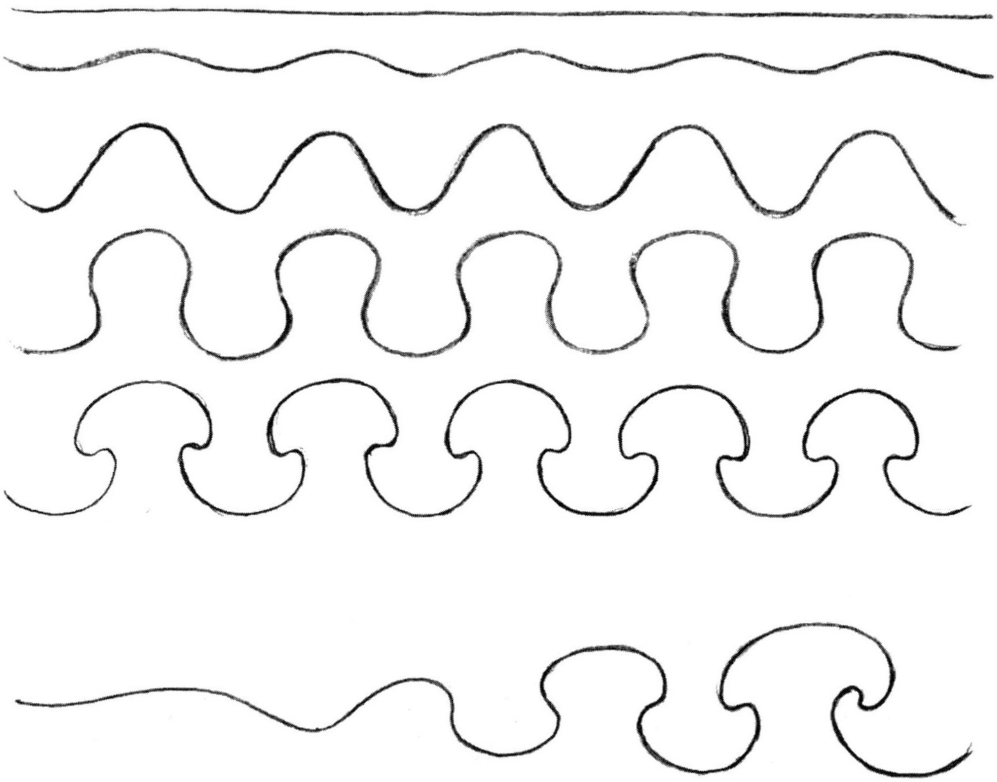

图 53. 波形的一种变体。[铅笔画]

第三章 它来了

如果我们把最后这幅图跟前面那幅图的倾斜趋势相结合,就会得到与浅盆实验(比较图 47 和图 48)中所显现的非常类似的流动形态(图 54)。

图 54. 变化的流动形态图。[铅笔画]

现在让自己以游戏的方式对待前面的熟练度练习,创造自己的"生长样式",像洋葱一样一层层地增加线条(图 55)。这就如同我们在第一章中随手绘就的"生长图"(图 14)的增强版变体。

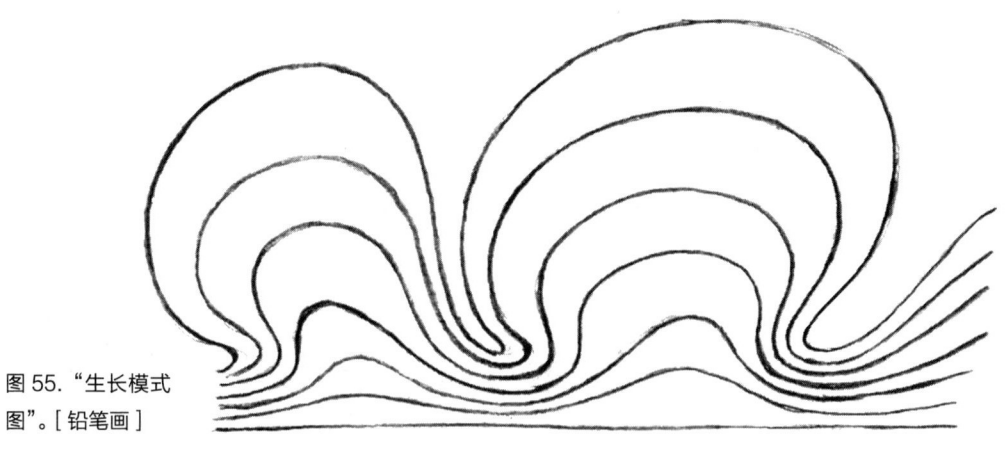

图 55."生长模式图"。[铅笔画]

你能体会这些图画和我们在前一章中所画的图之间的差异吗？在这一章中，相较于完成的形状以及彼此之间的相互关系，我们更关注运动本身。在绘画的过程中，通过与运动融为一体，我们可以体会到形态是如何通过运动产生的。在这种生成形态的流动王国中，古人远比现代的我们内行。他们对植物生长与水元素的密切关系深有体会，并体现在艺术中。这幅希腊纹饰图（图56）充分地证明了这一点，它是以有韵律的波浪运动为基础的，螺旋纹从被叶片状护套包围的接合处产生。比较这幅图和图47。

生长的实质就是运动。
——保罗·克利（Paul Klee）:
《思考的眼睛》
（*The Thinking Eye*）

嫩芽与球茎

现在让我们把通过绘图练习习得的能力回到植物上。我们已经观察过嫩芽是如何脱掉冬装，伸展出绿色的、被柔弱如丝的叶子所围绕的新枝，嫩叶在春日阳光的照耀下闪闪发光。我们对植物生长过程有了更深入的了解。现在我们可以观察生长5年的树枝，想象（用回溯的方式）每一部分如何从每个顶芽中、从一个个枝节里长出来。想象年复一年，树枝的顶部变得越来越柔嫩，树则越来越矮小，直到缩回到树所能具有的蕴含最大潜力（和最少的"显现"）的种子。一旦有足够的观察结果，借助

图56.古希腊埃皮达鲁斯圆形建筑屋顶背面的纹饰。[铅笔画]

这种新习得的精确的感知幻想能力在时间中前进或回溯、体会每种植物在季节中的韵律并不困难。但是我们该如何把嫩芽绽放和雪花莲成长、种子发芽结合起来呢?

现在你应该已经意识到,每一年包裹在冬芽中新生

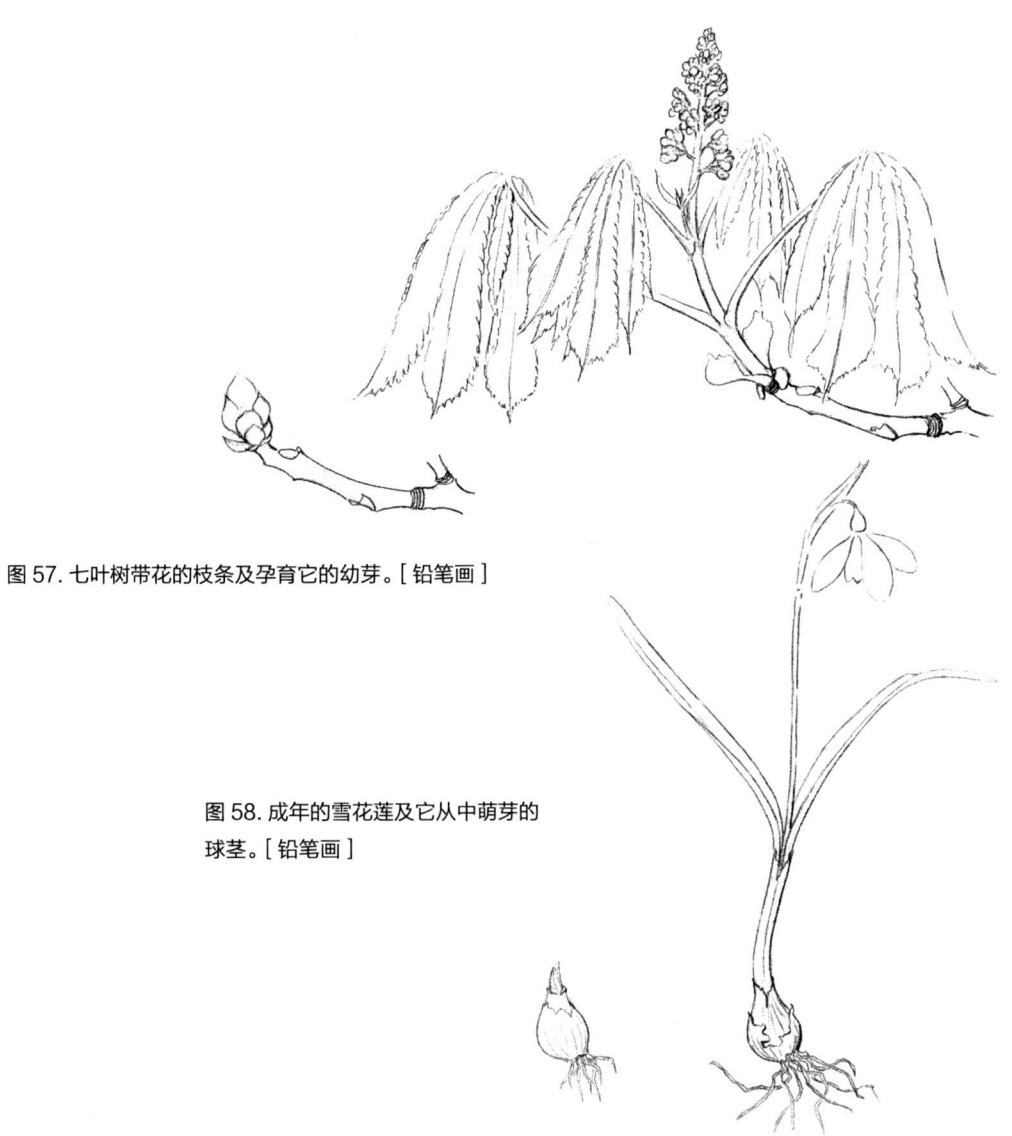

图57. 七叶树带花的枝条及孕育它的幼芽。[铅笔画]

图58. 成年的雪花莲及它从中萌芽的球茎。[铅笔画]

长出来的部分相当于树枝上的一棵全新的植物。它们有的会开花，有的则不会。图 57 展示的是一枝开花的七叶树枝条及孕育它的幼芽。比较这幅图和图 58，后者展示了一棵成株的雪花莲及它从中萌芽的球茎。同样，生长到开花阶段的雪花莲球茎在某种意义上也是一株完整的植物，从土地里"获得解放"（但却与树芽不同）。雪花莲球茎本身就有些像一个"小小的地球"，里面包含所有在春天生长的所需（我们都很清楚球茎是多么努力跟土地连接，也很清楚即使只有很少的根接触到土地和水分，球茎仍会生长、开花）。另一方面，我们或许愿意把树看作是大地向上的延伸，每年都发力往上生长。

> 了解叶"眼"的秘密，则觑透了大自然最大的秘密之一。
> ——歌德
> （Goethe）

叶"眼"

图 59 展示的是水仙花球茎的纵切面图。我们可以看到褐色的表层下面有一层层的"叶子"。层层的叶子组成了球茎，每层都有圆锥形的基座，顶上就是今年即将生长的花茎。在某片叶子的叶腋处将长出一个新的球茎。随着今年即将开花这一部分的消逝，它最终将会从母株中分离出来，并将在来年或在下一年开花。新球茎在去年夏天从叶子的基部开始了生长。子球茎总是在母体球茎某个叶片的叶腋处形成（参看图 59）。这带给我们自然

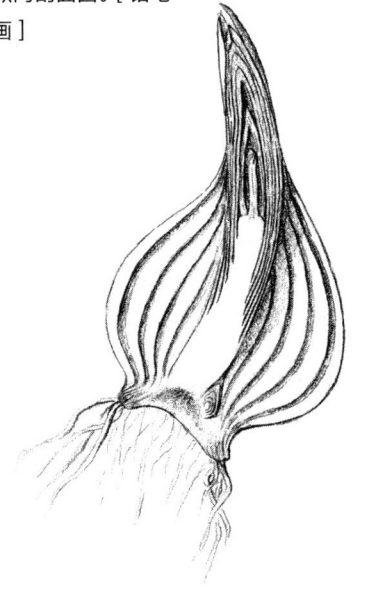

图 59. 水仙花球茎纵向剖面图。[铅笔画]

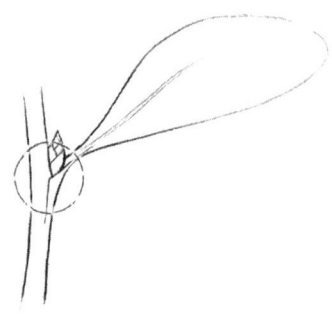

图60.结节中心的"叶眼"图示。
[铅笔画]

界最深奥的秘密之一——叶"眼"的秘密。

"叶眼"指的是卷绕的叶子和茎秆之间的中心位置（图60）。拿树枝来说，嫩芽基座下的叶痕展示了去年的叶子的痕迹。膨大起来的嫩芽就是叶子的"叶眼"。

从雪花莲或水仙花的例子，我们看到了茎秆如何缩减到球茎圆锥形的基座，所有的叶子坐在其上，而根则从其下方探伸。叶子或叶鞘与紧凑的圆锥形基座接合的部分就是蕴含新的生长潜力的区域，是"叶眼"。每一个"眼"都可能长出一棵完整的新植物。

图61描绘的是七叶树的一对双生顶芽：一个将会开花，而另一个只会长出叶子。图62是这对顶芽的纵切面图。

我们从球茎（图59）看到相似之处。所有叶子都紧紧地排列在茎秆底部的圆锥体上。虽然还没有舒展，但每片叶子和茎秆之间都是可能产生新嫩芽的潜力部位。在那根长成的七叶树树枝上（图57），来年新嫩芽的叶"眼"就沿着茎秆排列。

图61.七叶树的双生顶芽。
左侧是叶芽，右侧是花芽。
[铅笔画]

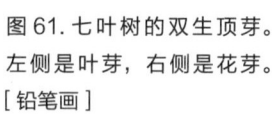

图62.七叶树双生顶芽纵切面图。[铅笔画]

由此可以看出，球茎实际上是一种"不会长大"的特殊的嫩芽，它的叶子始终是肥厚的。同时嫩芽或许也可以被看作是一种球茎，只是外层肥厚的叶子减少并变得坚硬起来。

因此嫩芽和球茎都具有我们在上一章中看到的种子的某种潜力。在上一章，我们从橡果中可以看出，最具潜力的地方就是子叶之间的区域，那里蕴含着一棵完整的树。你发现了吗，种子里面、子叶之间、侧边甚至上面的区域（雪花莲属于单子叶植物，只有一片子叶），或者说子叶，就像一种"最初的芽眼"——是每一棵新植物最具潜力的初始之地。在植物生长的过程中，这种潜力的某些方面就在茎杆的发展中得到实现，而在每一片叶子基部的节点处，也会留下一部分潜力。这就是叶子的"芽眼"。

在本章的最后一幅图（图 63）中，我们展示的是一种常见的杂草的发芽情况，你可以清楚地看到带有两片子叶的"最初的芽眼"。上方是将要成为植物上半部分的微小的胚芽，下方则是从种子内部的胚根长出来的根系。在下一章中，我们将进一步追寻这棵弱小的幼苗的生命历程。

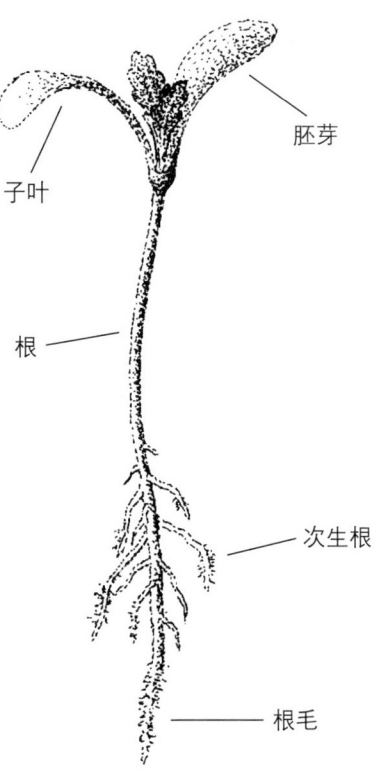

图 63. 千里光草幼苗。[钢笔画]

第三章 它来了

第四章

从春到夏

图 64. 各种常见的花园杂草在初夏时分展示自己。[铅笔画]

从暮春到初夏

现在是暮春时节,随着我们步入初夏,大自然似乎也"起飞"了。植物扩张成一个郁郁葱葱、充满生机的绿色世界。原本光秃秃、灰扑扑的树枝上,挤满了绿油油的叶子。春季的嫩芽已经结束,随着叶子慵懒地生长,花儿出其不意地开满了枝头,又随着果实的到来而凋零。植物在夏季向上生发,秋季来临后,它们就向地下退缩,为来年春天的重新萌芽准备新的球茎。去年秋天或早春时分播下的种子如今在疯长。那些去年就发芽早、当时在地表星星点点的植物在夏季开花之前,快速地蜕变着它们的外形,如今长出大量长长的茎杆。另外一些以种子的形式越冬的植物现在也突破了坚硬的表皮,迅速成长,变绿、开花。稍后我们会追随一种这类夏季"野草"的发展过程,但首先我们还是来看看一些种子更大些的植物是如何在春天开始生长的。

往上长,往下长

以种子的身份在皑皑白雪之下经历寒冬之后,随着春季的温暖渗进潮湿的土地,种子首先因为湿润而膨胀,胚根(将会成为植物根系的那个小小的圆锥体)顶开种

图65. 发芽的蚕豆。[钢笔画]

皮伸出来。它的顶端始终朝着地球中心向下"探索"土壤。我敢肯定，你一定见过种"反了"的七叶树果实或豆子，它们都带着一根长长的白色须根，缠绕着种子直到可以向下生长（图65）。当然，还有许多实验可以证明根向下发展，对土壤"积极"地回应，这被称为"向地性"（向着土壤方向运动）。

确定生长方向之后，根尖上的表皮组织就会生出与主根成适当角度的单细胞的根毛，通过土壤颗粒之间富含水分的媒介，成长中的植物与土地之间形成一种交互的关系。幼小的植物向土壤散发某种物质，分解土壤中坚硬的矿物质，以帮助创造出适宜生长的环境。在另一个方向，植物以流体形式从土壤中吸收溶解的盐分，通

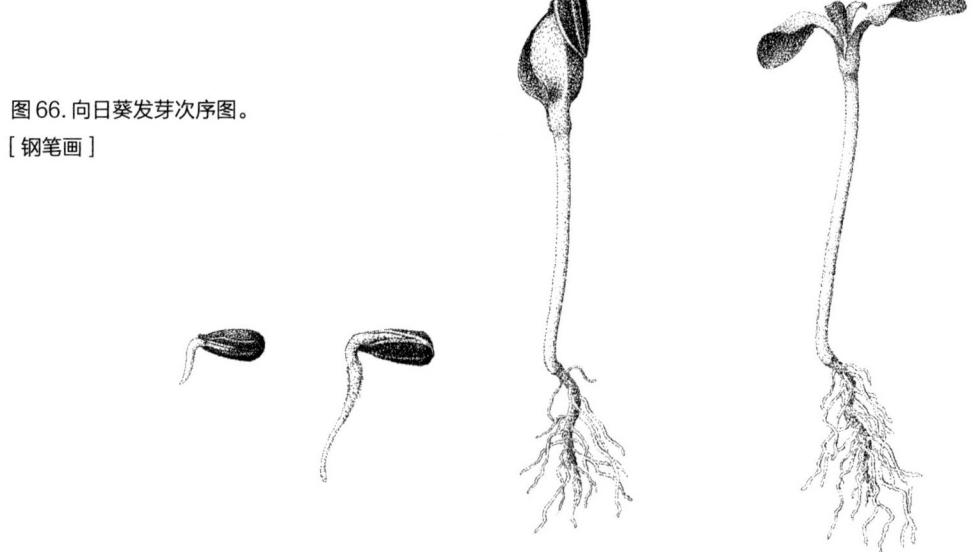

图66. 向日葵发芽次序图。
［钢笔画］

图 67. 蚕豆发芽次序图。
[钢笔画]

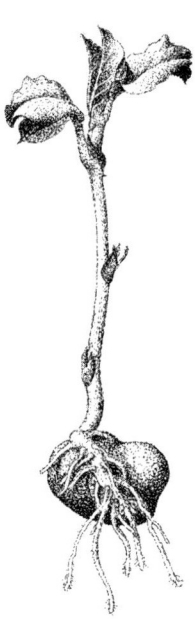

过根毛向上传输到植物的茎秆和新叶中。

我们刚刚提到的"根"指的是植物从种子的中心向下方生长的部分。这里我们有两个双子叶（有两片子叶）植物从种子到生根的实例（图66、67）。豆子有肥大的始终在地下的子叶；而向日葵的萌芽点则在地面之上。子叶随后会变成绿色。千里光草的萌芽也是如此，不过植株更细小，难以用肉眼追踪其发展过程。

两片子叶中间有一个娇弱的结合点，称作下胚轴，这是新植株的中心。从这个中心部位将会长出整株植物，先向下生长，然后向上生长。通常情况下，只有向下扎根于土地之后，向上的生长才会开始。当这种重要的生长开始时，子叶发挥了举足轻重的作用。

一旦根系向下发展，子叶变绿、展开接受阳光的照

耀，子叶之间微小的胚芽（羽毛状尖尖的生长势力）（图66）就开始向上发展，形成生长势头，与从胚根向下生长的根系呈相反的运动方向。这两种生长的方向都是从子叶之间的支点开始。

叶片长成

最初，新生的叶子是羽毛状的一簇，肉眼根本分辨不出单独的叶子。当第一片真正的叶子变得可感知时，它宛如一架伸展开来的、长长的、厚厚的、饱满的桨状绿色飞机。不约而同地，第二片、第三片、第四片叶子也相继螺

图68（上）.千里光草幼苗。[钢笔画]

图69(左).千里光草幼苗。在叶片展开的过程中，呈现出不可见的漩涡。这幅图画尝试用艺术的形式表现出（可见的）植物与它所在的（不可见的）空间形状的关系。[钢笔画]

旋形长出。从插图（图 68）中可以清楚地看到这个过程。

当第一片真叶可见时，观察你身边正处于这个发展阶段的其他植物。我们发现叶子展开时，外层的叶子呈现出不可见的旋涡。未成型植株——旋涡顶端——的生长点在苞芽中。

初夏时分，在植物的生长与演变如此快速之际，每天进行观察是一件赏心悦目的事情。像我们所做的这样（图 70），在某个时段内，尝试每天都画一点儿幼苗的生长情况（或者在冬季观察、描绘种子发芽的情况）。或许你会在生长的早期阶段挖出一棵幼苗栽到一个小花盆里，

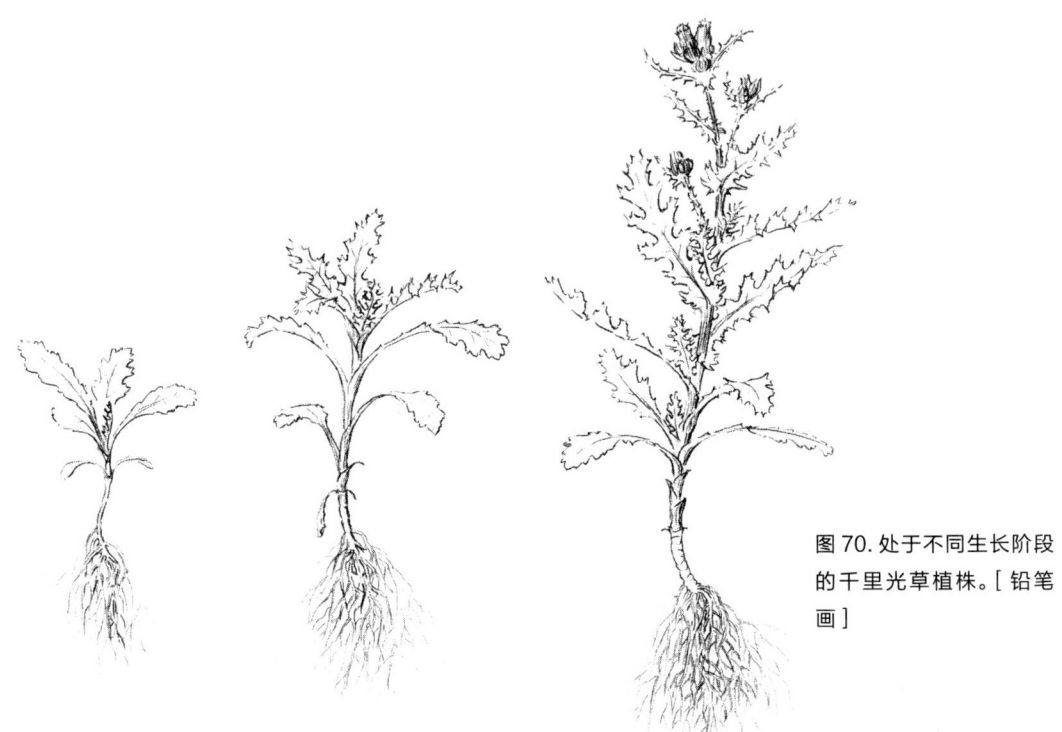

图 70. 处于不同生长阶段的千里光草植株。[铅笔画]

然后将其放在窗台上每天进行观察。千里光草尤其适合作为观察对象,因为它们几乎随处可见,而且一年四季生长。你也可以播下自己选择的种子来观察发芽的过程。每天都画一幅整棵植株的素描,或者在发现有任何变化的时候画图记录,每次画完之后都与前面的图对比一下。让自己跟随想象力溜进各幅图之间,随着植株螺旋向上、向周围生长的扩张运动而流动。把这个过程与相对简单的雪花莲的生长过程相比较。(雪花莲是单子叶植物,只有一片子叶,有较简单的叶脉平行的叶子。千里光草则是双子叶植物,有两片子叶和较复杂的网状叶脉。)

"生活在"叶序中

当千里光草植株发育完成,所有叶子在茎上各就各位之后(图71),我们就可以更进一步研究植物这一部分(长叶)的生长过程了。在第一章中,我们曾经建议把一棵千里光草的全部叶子摘下来,按照生长顺序依次摆放。让我们再做一次,请留意叶子是如何贴着主干的,并确保把包着主干的整片叶子都剥下来。图72展示了一株成熟的千里光草的叶序。

你看到了什么?当目光在一片片叶子之间游走,你有什么感觉?有没有感受到一种波动,一种扩张、收缩

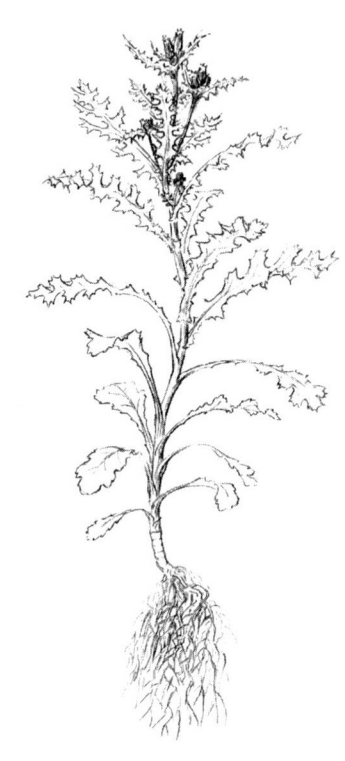

图71. 发育完全的千里光草植株。寻找一棵叶序尽可能完整的植株作为实例。从底部开始,摘下所有初生叶(不是二级分枝上的叶子),把它们摆成一条直线或者按照图72的做法摆成半圆。[铅笔画]

的运动，生长越发复杂然而又越发简单的感觉？

想象自己存在于第一片叶子中。你要怎么做才能把自己变成下一片叶子的形状？然后再下一片，直到所有叶子都长出来？哪里需要推、拉？又在哪里需要伸展、收缩？经过这样的体验，你会发现无论从哪个发展方向体验叶序的发展都不困难。

你的什么部分在"穿过叶序的生长"？这种看似天生的能力与千里光草如何生长有什么关系？同时，请再回到我们在第一章中提到的问题：是什么原因造成的？是谁在"发光"？

通过练习这项活动，你会发现自己的思维（形象思维部分）越来越活跃与灵活。于是你开始意识到，当这

> 只有了解了我们内在的天性，我们才能在外在找到她。她必须成为我们的指导者。
>
> ——鲁道夫·斯坦纳：
> （Rudolf Steiner）
> 《灵性活动之道》
> （Philosophy of Spiritual Activity）

图72. 摆放成圆形的成年千里光草的叶序。（这是压制好的叶子的影印图。至于如何压制、摆放叶序，请参考附录内容。）[铅笔画]

样运用时，我们的想象力原来可以成为如此美妙的工具或感官！这里我们还是使用歌德所描述的"精确的感知幻想"。我们的"幻想"就是感官可以感知植物不可见的生长过程中将留下可被感知的现象（这里指的是叶子）。我们可以把内在普遍具有的某些东西，与促使植物生长的不可见因素联系在一起。

"不可见的某种东西"就是让我们生长的力量。或许你很熟悉自己在骨折恢复期思考（几乎不可能）是多么困难，或者你正在怀孕，所有的生长力都集中在发育中的胎儿身上。孩子也只有在身体生长速度放慢时才能发展自己的思维能力。

"在人体组织形成与生长的过程中，某种灵性的东西会自然呈现出来。这种灵性因素会作为思想的灵性力量呈现在人生的历程中。"——鲁道夫·斯坦纳与依塔·韦格曼（Ita Wegman）合著《治疗的基本原理》（Fundamentals of Therapy）

这种"灵性力量"指的是我们可以通过活生生的方式把想象力与不可见的植物生长过程联系起来。因此，思维的流动与植物的生长就紧密地彼此相连了。

"知晓"真相

让我们还是回到叶序那里。在对运用想象力在叶序

图 73. 这种千里光草的叶序怎样？

间"游走"的活动感到信心十足与舒服之后，你也许想尝试再进一步，从两头等距地交接叶子的摆放，或均匀地把一种叶子与另一种叶子相互替换。这会发生什么？当把它们交换摆放，对你有什么影响？当它们按"正确"的顺序归位，你心里又发生了什么？你如何"知道"它们的顺序是正确的？为何你这么确定？

也许你会想，是你把叶子从植株上取下来的，所以你"知道"它们的顺序。试试把叶子打乱（或拍下叶序，把它们剪下来并打乱）并交给其他人来分类。大多数人，特别是孩子，都能按它们在植株上的生长顺序归类，不管他们是否了解这个植株或是否看过它的叶序。这是怎么做到的？是什么让我们不仅能在内在跟随植物的生长，而且能在没有看过的情况下辨认出它复杂的形态变化的内在法则？

叶子的语言

图 72、74 及图 75 展示了 5 种植物从根到花之间叶子的演变。我们可以一眼看出它们彼此之间悬殊的差异。不过它们是否有相同之处？

从千里光草的叶序中可以看出，所有植物的最初几片叶子都很小，叶茎长长的，叶片圆圆的，很简单。叶子之间的间隔较短，形态的变化很小。顺着叶子生长的

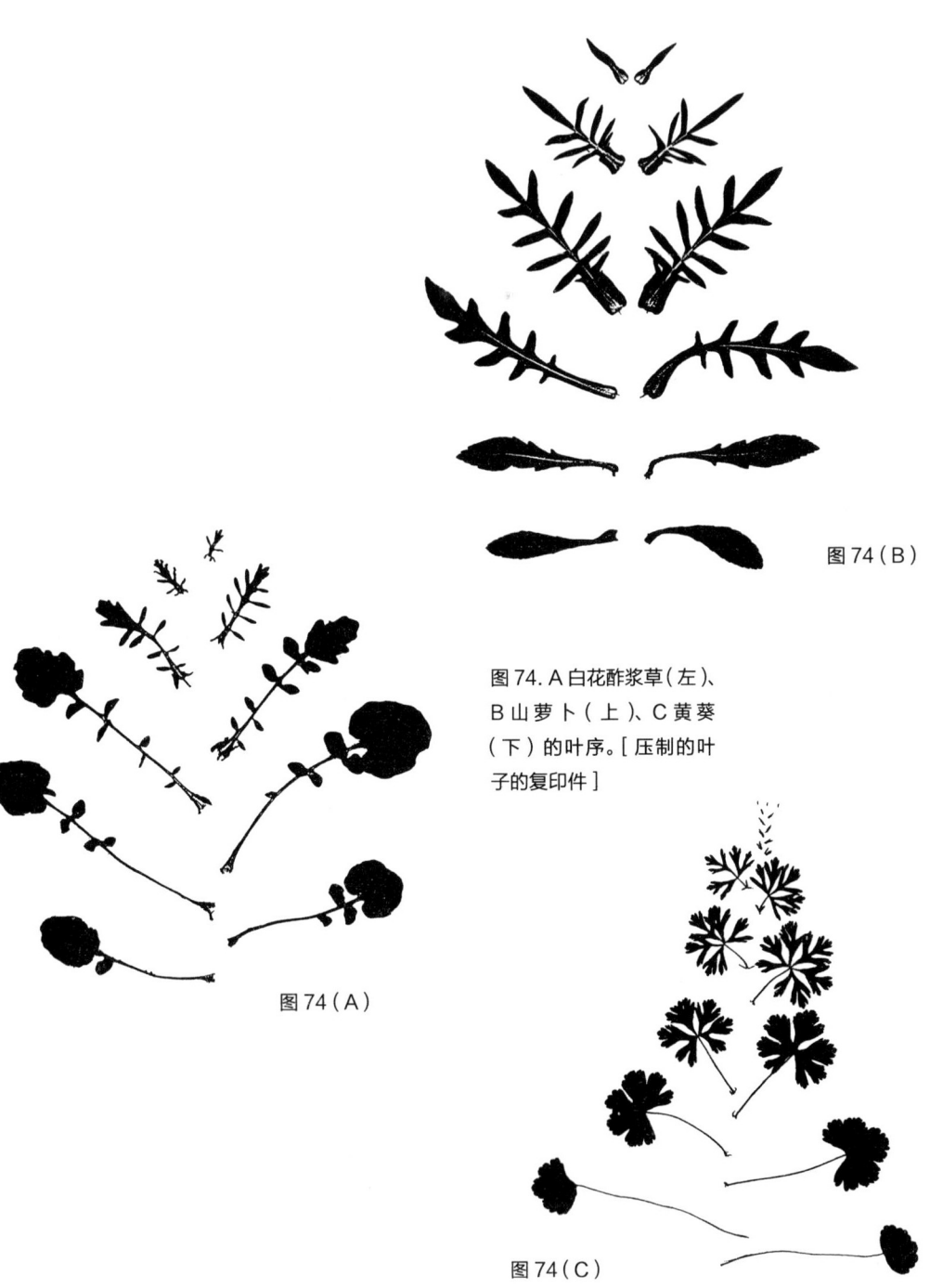

图74（B）

图74. A 白花酢浆草（左）、B 山萝卜（上）、C 黄葵（下）的叶序。[压制的叶子的复印件]

图74（A）

图74（C）

顺序往上看，随着叶茎或叶柄逐渐变得更短，叶片的大小和比例逐渐在扩张。或者可以说叶片逐渐扩张，甚至"吞没"叶柄，最后到植株顶部的时候，叶片甚至跟叶基连在一起，在植株的最上方甚至看不出任何叶柄的痕迹。

我们会在花的正下方非常接近叶基处，看到发育良好、紧凑的三角形的简单叶片，包裹在叶茎周围。叶子之间的间隔非常短。叶子形状的"重心"位于底部（指向主茎），边缘尖尖的，而最初长成的几片叶子情况则相反。在那里，叶子的大部分像被"推"到了边缘，靠一根细细的茎杆连接。在这两种截然不同的小巧简单的叶子之间，我们可以看出一个非比寻常的演变。

从所有标本中可以发现，从植株的底部向上，随着叶片的增大，原本简单的圆形叶子变得开始有些锯齿状。在叶子的外缘，锯齿形状开始增加，大致在叶序的中间或稍过一点达到顶峰。通常这个位置的叶子间距以及叶子本身都是最大的。从这些差异最明显的叶子形状上我们通常可以判断出植物的物种。

而靠近植株的下部，叶片的锯齿形状和差异开始变小。叶子的复杂程度有所降低，外缘也更简单，不过包裹茎杆的位置仍然是三维的。到最后甚至就连最后的摺边也消失了，在茎杆顶部只剩下细细的矛形叶片。

在千差万别的植物中似乎都有的相同演变中发生了

图 75. 野芥子展示了根与花之间的叶子变化的另一个例子。[压制的植物样本的影印图]

什么？歌德在诗歌《植物变形记》中非常清晰地表达了整个过程。现在我们引用其中关于叶子生长的部分内容：

植物变形记

歌德

"亲爱的，你也许会感到困惑

面对园中花朵千重、姹紫嫣红，

名称各异，声声入耳，

有至为佶屈聱牙不能卒听之名。

其形相类，状无重样，

集体合唱一神秘法则，

解一个神圣之谜。哦，亲爱的，但愿我能以只言片语

向你即刻解释清楚这一圆满解答之道！

来吧，用你的双眼亲自见证它们的生长，每一种植物如何一步步

渐次导引自身向着花与果的方向生长。

从一粒小小的种子，一旦大地，

那安谧的，曾成就过无数果实的子宫赋予其生命，

受着光明的诱惑，那恒常变动的神圣者，

不断展开成新绿的娇嫩形态，

这一恒常之力深藏于种子内部，只不过还在沉睡而已，

形态的前兆，包容于自身，安卧于种衣保护之中。

叶、根及胚芽，形态半成，颜色未备，

因而果核，在未得水浸润之前，守护着平淡无奇的生命。

到如今，托付于水汽之润，急不可待地破土而出，

将自己从无尽的暗夜中顶托而出。

我们眼见的元初简单形状，

展现着无数植物也有童年时代的法则。

同时一种冲动萌生，顶托自身向上，

一个节点接一个节点，不断更新着这个简单的元初形态。

但并不总是都具有同样形态；你会发现，后续出现的叶子形态

日渐复杂、日渐多样化，舒展开来，生出锯齿，

先前还接合在一起，持久不动的下部，

分化成点及部件。

而植物也向那一最高成就阶段行进，

那一众多品种创造出奇迹的成就。

在众多表面上，纵横主脉及凹陷错布其间，

生长冲动之丰富似无止境、无尽意。

然而，在此，大自然以其威力无边之手，拉回了

这一形成性力量并以轻柔之力导引其

向更完美之境进发。

她减其树液，缩其管束，

同时却为众形态指点一更加精致之机理。

外在的器官生长趋势已悄然回撤，

而叶柄主脉形态已届丰满。

更趋纤细的茎干上现在叶子已然无几，

迅猛生长并展示给观察者

无与伦比之盛装形态……"

20 世纪 60 年代，约亨·博克米尔（Jochen Bockmüel）仔细研究了歌德在诗中描述的在连续的时间流中发生的事件，也对其中的差异进行了描述。

让我们再看看叶序（比如图 75 或此前的任何一个例子），这次请体验我们进入幻想的运动中。

叶子的生成法则

最初似乎是较为线性或单向的伸展、推开的活动（图 76A），随着沿着主干往上的叶子变大，融合并取而代之的是双向两个平面的扩张（图 76B）。第二种活动似乎与另一种显然会从外面"吃掉"自己的物质体，体现差异化或分化的活动相互"竞争"（图 76C）。与此同时，第四种活动活动把叶片向后、向内朝着茎干的方向推动，吞没叶茎剩余的部分，从两边包围植株的茎部（图

76D）。这种从边缘到中心的收缩把叶片缩减到一个小巧的矛形，与底部从中心到边缘的单向扩展正好相反。随着我们逐渐接近植株的顶部，在叶序的第一部分积聚、创造叶子的形状和物质的一切都在撤退，似乎在为某种即将来临的事物让路。

按照约亨·博克米尔提出的术语，植物经历的在叶子的形状上留下铭记的一系列活动可以归纳如下：

A 抽茎　从中心向边缘伸展，绕轴的不定向的"推动"。

B 扩展　水平的双向扩张。

C 区分　从边缘向内的平面分化或锯齿状缩进。

D 收尖　从边缘到中心的收缩，包住中轴的扩张。

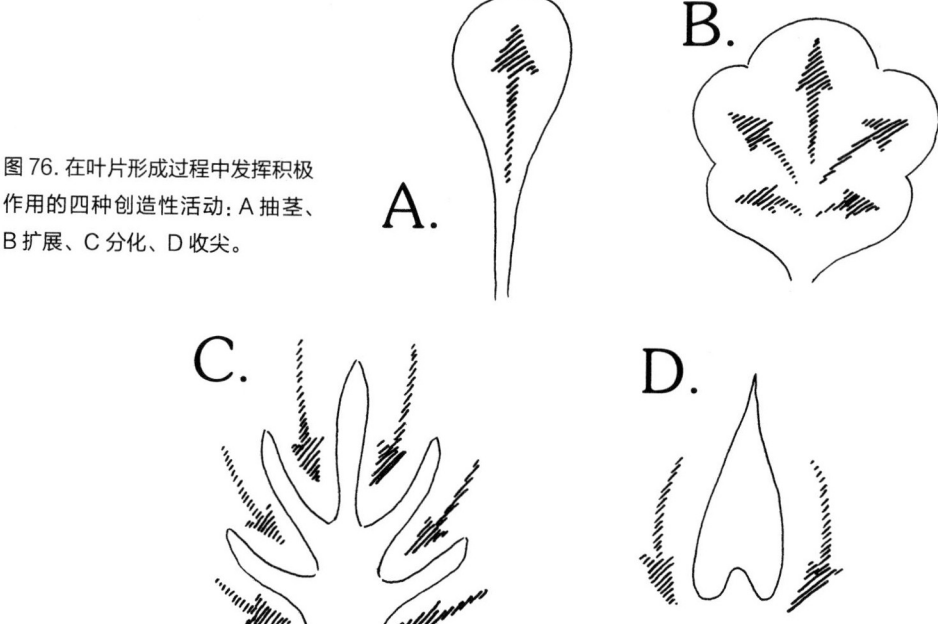

图 76. 在叶片形成过程中发挥积极作用的四种创造性活动：A 抽茎、B 扩展、C 分化、D 收尖。

植物在时间中的发展运动创造出这样的叶序，可以被看作各种植物在宇宙的旋律之下的舞蹈表演。每种植物都有自己独特的装饰，但是内在的舞美设计始终遵循我们所描述的四种成形活动或创造性运动。这些运动不是按照一种独特的模式依次出现，而是彼此交叉，就像图示的那样（图77）。

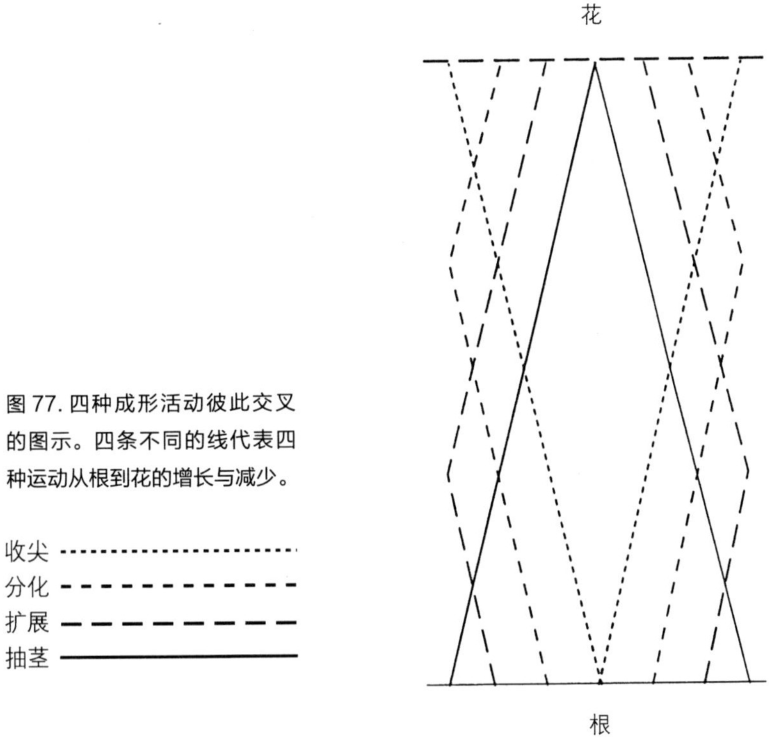

图77. 四种成形活动彼此交叉的图示。四条不同的线代表四种运动从根到花的增长与减少。

收尖 ·············
分化 − − − − −
扩展 — — — —
抽茎 ————

极性与增强——转变的前提

到目前为止，或许你已经体会到了我们如何在本章中探讨两种非常不同的活动。回想起来你或许会意识到：在某种意义上，这两种活动是彼此对立的。在此，借助生动的联想，我们参与了植物生长、发展活动的进入过程。我们在植物不同的部分之间（叶子或发展过程中的某些单独图景）"游走"，把它们作为"流入幻想"于各个次序的跳板，尽可能地把自己的思维与植物表达自己生长的生命之流结合在一起。从歌德的诗中，或许你可以感受到其中的韵律、永远向前的目的。

然后我们改变目的，略微退后，我们的第二项活动更寂静和深思熟虑。它超然于植物之外，澄清、归类我们在"游走"于生长过程中的体会——对各种植物发展过程中的差异而非相似之处变得有意识的活动。我们发现了叶子变形过程中潜藏的规则，它们是依据不同的物种而"制订"的。同样的差异会在花儿身上反映或体现得更清楚（见第五章）。实际上，叶序发展期间变形运动的整个过程都与花儿——"最不可思议的形式"（歌德）有关。我们将在本章后面探讨这个问题。

所谓的"叶子变形"自两种对立的张力之间升起，在这里是介于明确的、称之为铭刻于物质（或通过物质来表达）的"灵性的差异"的花朵和不断生长的根部之间的张力。在植物生命的历程中，根部持续的发展（与植物的一生大同小异）和花朵突如其来的展现是两种"极性"的事件。离开了根系以及其所依附的富含水分的土壤，植物的生命不可能延续与生长；而从某种意义上说，花朵的绽放预示着死亡和生长的终结。在这两极之间，我们看到了植物的叶系。

叶子本身也反映了这种极性，低处的叶子形状简单、茎杆长，因为强调线性，因而从某种意义上说类似根系。顺着主干向上超过中心后，我们发现叶子更具差异性、更精致、更平坦，也更像花朵。在根系和花朵之间，我们经验了一种"发展的旅程"。在所有生命有机体的发展顺序中，似乎都是"……*我们从最初的简单形式发展到复杂形式；然后在发展的中间达到最复杂的阶段，随后再次变得简单，同时也更完美*"（鲁道夫·斯坦纳，1921年6月29日于伯尔尼）。

"变得更完美"也被描述为"增强"，指的是每种植物的独特之处会逐步得到强调或增强，这种情况跟植物共性的发展背道而驰（歌德也将此描述为元气的"精炼"）。当我们自己进入到这个过程的时候，我们感觉植物正在经历一个更深层次的演化，开始经验到需要用新的方式观察植物的需求，这种方式将对开花的过程有益处（这将是第五章的主题）。为了更深地经验极性和演化，我们再来做一些绘画练习。

练习极性与演化

让我们从探索形状的一个简单的极性开始吧：画一个圆有多少种方式？

我们建议两种略微非同寻常而且对立的方式——只使用直线来画圆。按照以下的例子（图78和图79），用蜡笔或软铅笔在大幅纸上画一些直线，同时试着观察下面的两种过程对你产生的影响。

画第一幅图时，我们先在纸上确定一个点，以此为中心向周围画出辐射的直线（图78）。所有直线都在与中心等距离处停止。与"中心"的"度量"关系确定了圆的半径，我们可以想象一条不可见的曲线把所有直线段的终点连在一起。

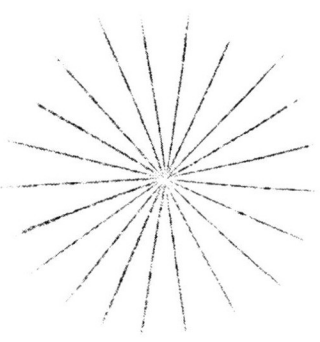

图78. 直线从中间辐射形成的圆形。[蜡笔画]

截然相反的另一种方式则是从外缘开始，仿佛从外部开始，借助切线组成一个圆形，而所有的切线都源自无限（来自距离纸面无限远处的多种方向的直线，例如，来自一个无限大的圆）。这些直线仿佛可见地进入画纸，然后又从另一侧离开。每一条直线都跟一个圆相切，而这个圆则是众多直线交叉之后逐渐形成的（图79）。你会发现这种画圆的方式非常令人激动，但是为了把切线画直、获得均匀的圆形，它要求许多的控制力。

画图的过程中，你有没有感受到这些动作之间的对

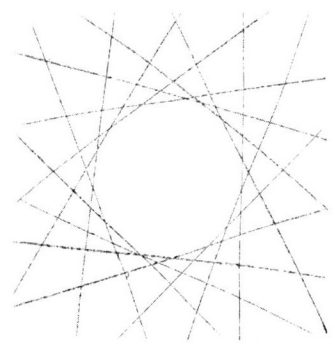

图79. 从外缘开始相交的切线组成的圆形。[蜡笔画]

立？思考这两极对立的过程以及它们的结果。你有没有把它们与前几段中描述的根与花之间的极性联系起来？

想想植物的根系从生长点向土壤中辐射形成的半圆形（参看图70）。我们可以把图78看作植物根系发展的辐射或中心原则的二维图示。

如果我们看一朵花（或者任何发展中的蓓蕾），我们会发现花朵各部分（或成长中的叶子）包围的平面中间有一个凹陷的空间。这种包裹的、边缘性的原则可以从图79得到展示。

从叶子本身，我们体验到开始时线性趋向非常明显，沿着茎杆往上走，这种趋向有所减缓。这种降低因为平面趋向的增加而得到"补偿"，直到花朵，则是完全的平面。因此，叶子在两种形状原则——直线与平面——之间保持着流动的、变化的平衡。这又把我们带回到叶子发展固有的极性特点。

图80是取自我们的叶序的两片叶子，请对比二者的叶形。通过描绘它们的"负"形态，我们可以进一步凸显二者的对立。有别于把实物画成黑色的做法，我们把周围的空间画成黑色，把叶子的形状留在白色的"负"空间中。这就让我们对边缘的活动更警觉。通过这种描绘树叶的方式，我们可以感受到从内在体验到第二片叶子的物质体似乎受到了环境的强烈影响。

对比图 80 和图 81，我们可以说：第一种形式具有外凸性，膨胀的轮廓是它自身向周围空间"表达"的结果；第二种形式具有内凹性，缩进的轮廓是由于受到环境的"压制"。但是我们也可以把这两种形状归结成不同但却同样有效的感受：我们可以把第一种形式看作周围的环境影响的产物。这样一来，我们也可能把第二种形式解读为一种主动的退缩或向内的吸引，看作力量的浓缩。

图 80. 锦葵叶序的两片叶子的形状。[铅笔画]

考虑一下对这两幅图的两种解读，它们提供了内在和外在、形式和空间、主动和被动的运动，让我们对植物叶片的形成过程有了更丰富、更生动的图景。

如果把我们的观察和经验置于更广阔的背景之下，我们就会发现可以把内在与外在两种两极端力量之间的交互作用跟一年中的周期变化联系起来——春季的扩展与生长对应着秋季的缩减力量。如果把这种情况放大，我们就会发现在叶序的发展中得到了回响。

大自然这种律动的吸进呼出似乎激发了希腊雕塑家的灵感，使他们雕刻出了图 82 这样的装饰物。我们看到两个形似植物的形态交替出现，组成了一种圆圈舞。比较一下这两种类似植物的图画形态。二者几乎在每个方面都呈两极差异：一种像嫩芽一样积聚、包容；另一种更开放、发散及更具接纳性；一种有阳性的边缘，另一种的叶片内则雕刻成凹槽。观察二者如何通过螺旋运动而

图 81. 描绘"负空间"可以提升我们对周围形状空间的活动的敏感度。通过改变黑色的深度，我们可以强调所体验到的边缘之处活动的加强或减弱。[铅笔画]

第四章 从春到夏

图82. 雅典卫城的神殿上的装饰雕带。[铅笔画]

浮现：一种是向外旋出，另一种是向内旋进。

在希腊庙宇和神殿的楣梁和柱身周围，我们可以发现各种有韵律感的装饰图案。从一种形态到另一种形态，你是否能体验到跟我们此前描述的相类似的吐纳过程？

通过转换明暗面的使用（图80与图81），我们已经弄清了内部与外部、形态与周围空间之间的相互作用。现在我们不妨问问自己：光与影有哪些本质特点？我们应该如何有艺术地与它们合作，回应我们在植物叶片发展过程中遭遇的极性？

图84. 明与暗的系列演变。[炭笔画]

图 83. 通过变换使用黑白表面绘制的内部和外部形态式。请比较一下内部的两个圆，它们的直径相等吗？

明与暗——形变的媒介

请观察图 83，对比这两组同心圆。内部的两个圆形直径相等吗？右边黑色环内的白色圆形似乎比左边白色环内的黑色圆形略微大些。实际上，两个圆的直径完全一样（你可以通过测量，或用白色和黑色的纸板剪下同样的圆形粘贴在灰色的纸板上来验证）。这种明显的尺寸差异是众所周知的视觉现象，是由于明暗表面的固有特点所造成的。置于黑色背景之下的明亮表面容易给人膨胀的视觉感受，而置于白色背景之下的黑色表面容易给

人以收缩的视觉感受。

通过在黑白之间增加中间环节和过渡色调，我们可以把黑白表面的极端对立发展成为一系列的图画（图84）。当跟随内在的体验从这些图画的一端穿越到另一端时，你的感觉如何？

我们建议你自己也画这样一系列图画。你需要五张白色的方形画纸（至少要250×250毫米）和一根粗粗的柳树木炭条，把木炭条分成40毫米长的几段。画的时候最好从中间那幅覆盖着灰色的画开始。把木炭平放在画纸上，非常轻柔地掠过纸张。慢慢地、一层层地连续用淡灰色覆盖住画纸，交替使用水平线、竖线和斜线，以达到均匀的灰色。你从中间这幅画向两侧发展，画一幅左侧的画，再画一幅右侧的画，到最后再画最外侧的两幅画。请留意从中间那幅均匀的灰色画朝左右两侧发展之后，如何有了越来越明显的差异。向右侧发展的过程中，画纸的中心颜色越来越淡，而黑色则在边缘聚集。向左侧发展的过程则出现恰恰相反的情况。请尽量平衡两侧图画的光影效果。为了帮助绘图，你可以想象在每一幅画中你都拥有同样数量的黑色"颗粒"。把五幅画并列排放，以便可以对照观察是否需要做一些最后的调整。

仔细观察完成的画作，比较一下两端的图画。你会如何描述这个极性？你能否感受其中的收缩与扩展、冷与暖？按顺序从一侧移动到另一侧，然后再反过来，哪一侧更像开端？哪一侧象结尾？这是怎样的一种过程？你能发现这个过程与观察到的某种自然现象——比如季节的变换或日夜的交替——之间的关联吗？这个过程的中间发生了什么？两极是如何交汇的？

借助于明、暗的表面和中间色调的帮助，我们创造了一个简单的绘画变形，引领我们从边缘到中心，从光明到黑暗，从扩张到收缩。在中间的图画上，所有这些对立的发展趋势融合、交汇，从而创造出均衡、中立的表面。

或许你会愿意把这些练习进一步带入绘画过程，把我们体验到的植物发展过程中的极性与增强跟我们刚刚在光与影领域里的探索糅合在一起。这种极性差异又是如何体现在植物身上？出人意料的是，埋藏在黑暗的土地之下的根系是植株颜色最浅的部分。在植株"相对的另一端"，我们看到的是藏在果实中的黑色种子——形成于最接近太阳的地方。

在从土地向着太阳的生长过程中，植物会变得"更明亮"（因为向上生长）但是也更加富含物质，更加密实，因此也"颜色更深"。在接近花朵的部分，它不再那么密实（更轻盈），但是更成型，因此从另一个角度看"更沉重"。通过下面的这个绘图练习，我们可以探索明与暗的这些对立的特点。*

重新拿一张画纸（约 450×300 毫米），用胶带把画纸纵向固定在画板上。先用碳棒在画纸的边缘画上浅浅的一层黑色，在中间留出一个椭圆形或鸡蛋形状（上端稍宽）的空间。如果你仔细地营造黑暗与光亮区域的过渡的话，你会注意到很快图画的中心看起来仿佛充满了光。想象光在往上扩散，把黑暗推向画纸的边缘。

光并不具备实体性，它没有任何重量【形容词"光明的"指出了光明（lightness）是没有重量的】。光线只存在于没有不透明物质的实物中。另一方面，黑暗却与物质的本质不可分离。固体（通常）是不透光的，其内部会排斥光线。它也会在光源的反向生成影子。你或许已经体验到，画纸上的黑色表面带有一种内在的重量感。（或许在前面的练习中你已经注意到，你必须下些功夫才能让纸面上的黑色分布均匀，因为黑色倾向于沉聚在画纸的底部。）

在这幅图上，我们将允许黑暗追随其内在的倾向，随着重力向下收缩。随着光从中间向上扩张，黑暗的波浪则向下流动，在底部的中心汇集，二者在中间形成一个种子形状的积聚点。（图 85）。

在来自两个方向的暗流之间形成了一些小小的纵向

---

* 译注：在英文里，"明亮"与"轻盈"都是同一个单词 light；而"黑暗"与"沉重"都可以用 dark 来表示。

图 85. 利用明暗体现的生长过程的第一阶段。[炭笔画]

光的通道,它们向下扩张,犹如植物的根系随着重力方向伸展。与此同时,我们也体验到上方的光亮区域似乎吸引、引导着组织从黑暗之中向上生长,从而允许种子点内积聚的黑暗向开阔的光亮区域"呼出"有韵律的波浪。

在随后的生长过程中,很重要的一点就是,你必须同时照顾画作的各个部分,包括中心与边缘,底部(土地)与顶部(天空)。随着内部的黑暗有韵律地向光亮区域生

长,边缘的黑暗部分慢慢地移向生长中的组织,为它提供了某种可在其中生长的模子。在上方,那正在向上流动的黑色物质呈现出更轻柔、更精细的连贯性。与此同时,边缘的黑暗变得更加活跃,从黑暗往光明生长,在黑暗的包围中蜕变成光明的叶子似的形状。这种黑暗从边缘轻柔地推进,停止了向上洋溢的生长。上方的黑暗与下方"沉重"的、物质的黑暗有相当不同的特点。你或许把它想象为作用于花朵和上部的叶子的强有力的成型特点,这种力量给贯穿始终的有韵律的生长过程带来了区别和差异。

请在画纸的上部留下一些光亮,从而传达出可继续生长的感觉。另外,请别忘记进一步涂黑画纸的底部并界定出"根系"。

谁点亮了光?

如果每种双子叶植物在扩张变绿及随后的收缩中都要经历这样一个复杂的过程(目前为止都是如此),那么其中的原因何在?在这个似乎普遍存在但同时又独一无

图 86. 完整的生长过程图。请注意:在自下向上的生长过程中,明与暗、内与外的关系会发生调转:最初的"叶子"在明亮的背景下呈现出黑色的形状。再往上,变成明亮的形状被黑暗从外而形塑。[炭笔画]

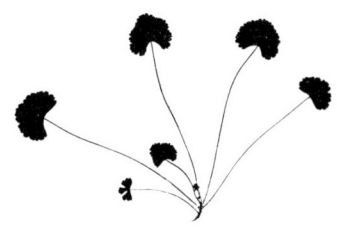

图 87. 一年生的黄葵。[压制好的植物样本的复印图]

图 88. 还是图 87 的那棵黄葵，生长到第二年后即将开花阶段的情况，已经展现出特点鲜明的复杂叶序。[压制好的植物样本的复印图]

二的高度差异化的时间进程中，存在什么影响力量？或者换句话说，谁点亮了光？要进一步接近这个问题的答案，我们必须从植物的整体来看待叶子区域。

我们已经反复提到过从植物的下胚轴到开花的发展历程。迄今为止我们观察过的植物似乎都有个明显的相似之处：它们都会开花。图 87 和图 88 展示的是一棵常见的黄葵生长一年与生长两年后开花的不同情况。你可以看到，第一年的叶子是多么的简单与类似；而在植株接收到或表达出开花的冲动时，叶子又如何像我们观察到的那样，展现出戏剧性的形变。因此叶子的变化实际上预示着花朵即将绽放！你不妨试着观察一年生的玫瑰开花时出现的情况。

在叶子形变的过程中，仍然了无痕迹、不可捉摸的花朵怎么会对其施加如此的影响呢？花儿仿佛是某种"概念"，从未来作用于现在。正如我们所观察的，虽然每个物种的表达方式各异而且受环境的差异影响，但花朵似乎都在通过一种明显的原型式的系列事件，拉动叶子朝着它的方向发展。

或许我们可以说，每朵花都像一束光，从未来照进植物里，呈现出现在的情况，包括它的物质存在及生命情况，并投出过去的影子。每一朵花就像一颗星星，星光就是阳光的反射，在它们经历的普遍过程中得到表达。

叶子的表达还是宇宙的表达

我们从叶序中发现、并在绘画练习中所体验到的从简单扩张到复杂，又从复杂收缩回简单的过程，到底是开花植物所特有的呢？还是像歌德在诗中暗示的那样，同样适用于地球上的其他物种？

让我们想想自己的人生。想象一下圆嘟嘟、别无二致的婴儿及他尚未展现的潜力。经过瘦弱的青少年时期和丰满的青年时光之后，我们成长、扩张，在人生的中期越来越像"我们自己"，努力在各种可能的方向探寻、扩张，也学习活在内、外的限制当中。人们常说，"人生从 40 岁开始"，因为此时我们已经成为自己的主宰，在某种意义上已能掌控在蓬勃生长的青年时期所有的问题。但与此同时，体能与生命力收缩、死亡的过程也在中年开始了，收缩到本质层面，通常也是对历经磨炼的灵魂或灵性力量的释放。最后，表面的体力衰减，而另一面却是深刻智慧的展现。想想在所有所谓的原始社会里，"老伙计们"是多么重要啊！而在个人生活中，祖父母或其他充满智慧的老人对你的影响是多么大啊！屡见不鲜的是，即使在辞世很久以后，仅仅是一位长者的一句话，仍会对你的人生产生深远的影响。在享有无尽的体能的年轻时代，这种智慧却不是我们能够拥有的。在灵性之

> 一旦学会辨认字母，你就可以在各异的书写中读出它们。
> ——歌德
> （Goethe）
> 《植物变形记》
> (*The Metamorphosis of Plants*)

"花"恩泽我们之前,我们必须经过漫长的、在人世的自我扩张及随后的收缩历程,承受经年的历练。

观察某一叶序——比如图 89 的千里光草叶序——的时候,请考虑这些情况。

每年春天,大自然都会焕发新的生机。每天清晨(或稍晚点)在新的一天开始之前,我们起床伸展一下四肢,然后洗漱用早餐,开始一天的工作。上午,我们会感觉精神抖擞、劲头十足,如同紧跟着春天的太阳升起之后,绿色植物在初夏生长、扩张。到了晚夏,自然界万物都在怒放而后枯萎;各种植物虽千差万别,但却都在逝去。完成一天的工作后,我们在晚上安顿下来休息,此时和植物向茎部顶端生长,然后靠近茎干收缩有何区别?最后,它们转化到另一个世界(花儿),正如我们每天晚上休息,亦如大自然年复一年重复的那样,它们结出果实,为冬天做好准备。

对比、关联这种种观察结果和体验,我们发现人类年复一年,日复一日的生活周期实际上也是一个变形的周期,真是让人惊奇不已。而这一切,已经在植物身上凝固成型,成为生动的图景依次与我们相遇!

图 89. 千里光草的叶序。[压制好的植物样本的复印图]

第五章

夏花

图 89. 夏日草地上的甘菊丛。[炭笔画]

夏日的丰盛

随便找一个英国人，问问他心目中理想的夏日景象——大概会是繁花遍地，朵朵鲜花仰慕着和煦但却不太炽热的太阳，天空澄澈碧蓝，偶或点缀些棉絮般的白云。又或许是一片在风中波浪般起伏不定的大麦或小麦田，作物正由绿色转为金黄，田间缀满红艳艳的罂粟花；陪伴于谷物花左右的，是田边深绿色的草本中映衬的耀眼的白色、黄色及蓝色的甘菊花。在这样一个图景中，我们不再像春天草木渐次萌发时那样关注个体的植物。

现在我们有了一幅巨大的色彩幕布，似乎是上帝及他的天使们，在深深浅浅的绿色背景上画上红色或粉色，亮白色或蓝色，间或还有令人目眩的黄色。令人愉悦的是万千色彩的汇集，或质出天然，或散布在各家各户的花园里，一个色块接着一个色块，各种鲜花或集聚在一起，或彼此混合。这些花园中有什么令我们如此欣喜呢？为何仅仅因为瞥见小麦田中的罂粟花、山间的石南花、爬满篱笆的金银花或农舍上的铁线莲，心情就为之一振，灵魂则满溢着欢欣？

比较一下夏日早晨在小鸟的婉转鸣啾声中醒来，从床上一跃而起，渴望到户外走动一下的心情（而不是想去办公室），与冬日白天里不情愿离开火炉边的心情。仲冬时节，我们记得的是拖曳的双脚、臃肿的衣物、渴望粘在火炉边压根就不想动。如今正值盛夏，我们欣悦于在短促的夏夜所生长出来的事物，明媚的阳光令我们整天流连于户外。那些拥有花园的人仅在吃饭时才进屋，野餐成了不可或缺的活动。还有哪比得上开满鲜花的草地，人们的笑靥朝着太阳，回应着花朵的姿态？通常我们甚至不必看到鲜花，仅仅处身于它们所营造的氛围，沐浴在蜜蜂的嘤嘤声中，或怀抱它们装点房子与人，就已经让我们心醉神迷。

让我们再对冬夏之间的极性对立稍做探讨。

季节的变换

回想冬天那些昏暗的日子，淡薄的冬日透过几欲冻结的雾霭，将斑驳的影子投到雪地上，世间万物都到了简无可简的地步，我们忆起的是行动之艰难，同时却又情不自禁地梦想阳光明媚的丽日图景。夏日的各种体验——触目皆是各色事物，种种不同的气息以及重重叠叠的感觉与印象——看起来是多么遥不可及啊！在夏天我们的大脑无法保持清晰的思维，我们向外扩张，渴望走动，渴望散步、游泳、舒展四肢。我们不太注意细节，它们多得令人目不暇接，我们宁愿沉浸在万千植物及各处的灵魂氛围中。冬日里明澈、充满光的梦境已化为夏日的实境，此外还有形形色色的事物。这一切都是怎么发生的呢？

你能体验到冬夏的极性吗？不仅在外在世界，同时也在自己的内心。一年之中最暗淡与最明媚的季节之中发生在植物身上的事件，是我们迄今为止一直在刻画的；而从仲夏到隆冬这一时间段里所发生的，则是我们要在本章及本书剩余章节里要探讨的。

整体而言，一年是季节的质变。我们称之为"一年的循环"，它也有自己的法则，正如我们在隐藏于植物叶子发展周期中发现的法则一样。不断冒出来的"变形"

一词究竟是什么意思？从字面上看，它意味着"形态的变化活动"。自冬天迄今，植物一直在迅速地变化着。随着季节的更替及日上中天，植物在外在世界中变换形态，与此同时，我们的内在世界也在发生着形变。我们内心也紧密配合着一年的循环，似乎正在经历一场内在的转化。

形变与原型

"形变"一词首次出现在古希腊，用于描述动物从幼虫时期到成年时期形态的变化，例如从毛毛虫到蛹、到茧、再到蝴蝶之间的变化。伟大的瑞典博物学家卡尔·凡·林奈（Carl von Linnaeus）是首位使用该词的人，他用这个词来描述植物从叶子到花蕾再到花朵的形变过程，并称之为"植物形变"。两百年前，意大利的切萨皮诺（Cesalpino）曾声称，植物的所有部位都来自于一个共同的根源。因为林奈对上帝极其虔诚（《创世纪》中称上帝同时创造了所有动植物），所以尽管他"目睹"了植物的形变过程，他仍然不允许自己"体验"那些仍旧以他的名字命名的有机体（例如高翠雀花"林奈"）之间的演化或发展。另一方面，歌德则能在林奈的成果上再进一步，进入有机体"之间的关系"，正如人可以在有机体

万物均为生命的形变，不管是植物、动物还是人，甚至于它自己也如是。

——歌德
（Goehte）

（植物）中的一个器官（叶子）上所做的那样。在从事这番研究的过程中，歌德奠定了对生命做进化式或发展式思考的基础。在歌德做出这番发现的两百年后，我们才开始重视这一发现的真正含义以及歌德何以能够把这些思想转化成非常适用于生命研究的"见证方式"之中蕴含的真正价值。

> 他——林奈竭尽所能阻隔开的，正是我按自身最深切的需要而勉力求证的统一。
>
> ——歌德
> （Goethe）

回想一下第四章的叶序，你可能注意到一株植物上没有两片叶子是相同的，然而，在所有叶子中都存在着令我们将它们识别为叶子的"叶性"，同时也通过"某种隐形物"令我们将每片叶子在形态上与同一植株上的所有其他叶子关联起来。就好像这种隐形物制造了一片叶子，抽身离去，再制造另一片叶子，再抽身离去，如此循环往复以至无穷。而在每一次制造叶子的抽身、返回过程中，这个某物便已发生了变化。因此，在自然界中的任何形变或演变中，我们都可以说某物恒久如一，却又时时不同。我们可以用下图来展示：

"某物"始终如一

I

/ / | \ \

I　I　I　I　I

"某（些）物"时时不同
一包含/包含于多

在第四章中我们已见证过，在种种植物"舞过"其形变的过程中，尽管我们可以识别出它们的共同之处，但我们仍然可以一眼看出它们是多么不同与独一无二，每一种植物又是如何以其特有的方式（深藏于叶序中）舞过季节变换的交响乐。

我们见到的所有植物在抽茎、出叶、分化以及抽尖过程中的次序都是相同的，但每一种植物在经历这个过程的方式却各不相同。正如花朵为整个植物加冕一样，勾勒叶序的差别或风格也是表达植株"存在"或"本质"的重要部分。但同时，它们又都还是植物——双子叶开花植物。因此，迄今为止我们所讨论的所有植物都是植物"存在"的不同显现，正如我们内心知道，每一片叶子都是同一棵植物上所有叶子共有的原型表达。这是从未有实体显现的"一"，但却包含并显现在具体的"多"之中！

正如每片叶子是整株植物上多种表达中的一种一样，每一株植物都是整个植物王国中诸多不同植物"整体"的一种表达。因此，我们在每一个时刻中都瞥见了季节更替的整体。在前往意大利途中，穿越阿尔卑斯山脉时，歌德发现这里的植物与自己所熟悉的德国家乡魏玛附近的植物差别很大，但却又似曾相识。后来，沿着海岸线，他看到了与自己家乡差异更大的植物，但仍可认出它们

形变之赞
歌德

多年来，心怀欣悦，
殚精竭虑，
发掘、体悟
大自然自身之创造性生命。
是永恒的一，
在众多实在中展现。
伟大者成于渺小，渺小者成其伟大
万物从其本源。
恒久变动不居，却得保全自身
近者远，远者近
由是形成，革新其自身——
唯余我惊叹自然之神奇。

第五章　夏花

属于某种已知的分类。他开始瞥见了"植物永恒的'一'显现于'多'中。"

歌德在帕多瓦（Padua）的植物园里研究同一植物中叶子的不同形态，他在1787年5月17日给朋友赫尔德（Herder）的信中写道：

"那天我忽然想到，在我们通常称作叶子的植物器官中隐藏着一位货真价实的普罗透斯*，他可随心把自己的行藏隐匿或展现在各种形态中。不论向前还是向后看，植物始终不过是叶子而已，它与胚芽的未来是如此密不可分地结合在一起，以致我们很难在想到其一的时候不同时想到另一个。"

又：

"此外，我必须私下里向你透露，我已非常接近植物造化的奥秘了，而且这是我们所能够想象得到的最简单的事。原型植物将会是这个世界上最奇特的生物了，大自然也会妒忌我的。有了这个模型以及解开这个秘密的钥匙在手，我们可以在严守一致性的前提下无限地发明植物——也就是说，即便这样一种植物尚未存在，那它也是有可能存在的，它不是某些艺术家或诗人笔下的影子或显现，而是具有内在的真实性及必然性。"

---

* 译者注：希腊神话中的人物，可随心变化形状。

变奏

歌德

研究大自然时
自始至终你必须
既要逐个考察又要通盘考虑
内在无物，外在亦无物；
是内在，也是外在。匆匆前行，
竭力把握
宇宙公开的神圣秘密。

在这真切的幻觉
及严肃的游戏中狂喜吧；
生者从来不曾为一
亘古不变地为多中之一。

图 90. 歌德勾画出的"叶形"器官，从子叶（左）到顶叶。

对"真实与必然性"的内在体验让我们"知晓"某物是"正确"的或"得归其所"。当我们存在于"一"与"多"之间的联结时，对内在真理的体验就于此发生了。我们已经发现，不论我们考察植物界的任何一个领域，或许说生命中的任何一个领域，都有一个"显现于多的"本原的"一"。叶子与花均为单株植物这个一中的一部分，每一个物种在这个主题上的变奏则是另一个一的显现，而同一科的所有植物甚至整个植物界则代表了一个更大的一。歌德将涵括植物存有的一称为"原型植物"。

现在我们回到仲夏，看看这个时节展现"宇宙公开的神圣秘密"（歌德《变奏》）的使者。

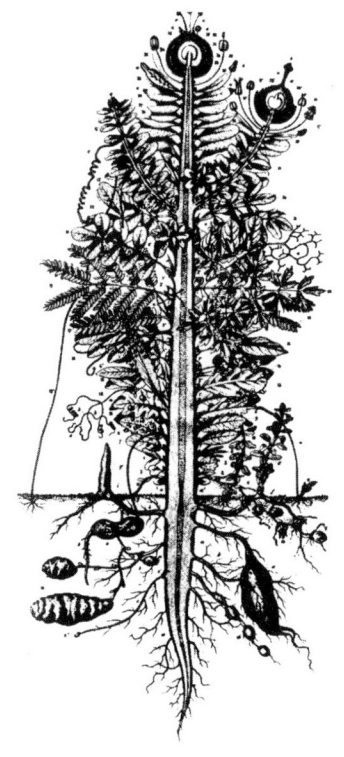

图 91. 皮耶罗·让·弗朗索瓦·特平（P. J. F. Turpin）绘制的"完美植物"，尝试以一种感官可感知的形态展示歌德所追求的原型本质，后来歌德意识到这永远也不可能被感官感知到——虽说它存在于每一株存活于世的植物中。

第五章　夏花　　117

凝望牡丹

图 92B 是一幅牡丹图，该花在整个欧洲被称为"圣灵节玫瑰"——"玫瑰"点明其种属性质，"圣灵节"则指出它开花的时令。

这是一个结构非常简单、常见于南欧地势较低山区的野生牡丹中的一个"区域性"品种。

在图 92A 中，我们列出了一株牡丹的所有部位，按它们在茎上出现的先后次序，最终到顶叶。让我们按在前一章中探讨叶序中所运用的"精确的感官幻想"来"生活在"正在发生的事件中。

从最后几片真叶向花的方向移动，你是否能感受到叶子正被"倒吸入"叶基，而叶基本身则侧向扩张并最终与之融为一色？这一过程会一直持续到原来的绿叶一无所剩，仅在茎部的外缘留下一个小点。最后我们甚至发现，在叶子曾生长过，但至此已长出娇艳花瓣的地方

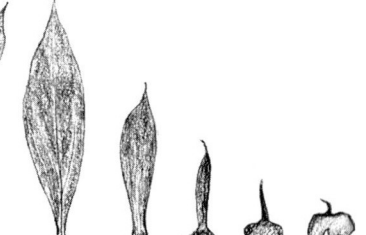

图 92A. 牡丹从萌芽到花朵之间叶子的中间形态次序图。[铅笔画]

出现一个 V 形痕——某种"负"叶形态！这一内部（及外部）的体验与枝条"游过"叶序之间的差别可谓迥异！

我们已扩展到肥厚的绿色复杂体，然后逐渐收缩成紧凑的绿色尖矛状。至此，绿叶的实质部分进一步收缩，直到完全消失——"下至花瓣边缘上的 V 形痕"——并被某种新东西所取代为止。我们经验了这一新准则的扩张，它的存在早在叶序的最后，在被称为"抽尖"活动的紧裹姿态中已经被暗示过了。现在，在花瓣的生长过程中，叶基侧向扩张的幅度更大，同时将中央叶脉对称地向外排出（或挤出）。苍白的边缘被敷以颜色，随着它扩张成完全成型的花瓣，组织越变越细，它们共同创造了"最不可思议的形态……"（歌德《植物变形记》），植物的"冠冕"——花冠。

图 92B. 牡丹。每年的圣灵节之际，这种茂密的植物以深红或粉红色的繁茂花朵令人们陶醉。[铅笔画]

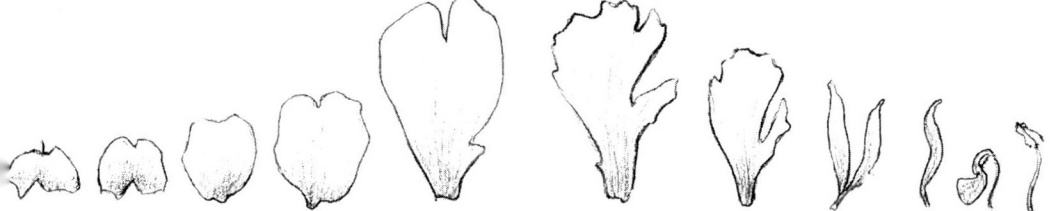

第五章 夏花

在下列诗句中，我们会读到歌德是如何在其《植物变形记》一诗的下半部分中描述这一过程的（大家可能还记得，上半首印在第88页）。

此时已是枝成叶疏，茎干愈益纤细，

迅猛生长，在观者面前，

展现不可思议之形态。

环于一圈，量有尽而数无穷，

这些较小的叶子相邻生于其形相近者，

簇拥于中轴，花萼于此绽开，

展露出天造地设艳美无双的花冠。

因之展现勃勃花发之盛，

层层叠叠连绵不绝。

每当有花朵在层层绿叶间攀上枝头，

都令人惊叹。这一荣耀之奇观却还同时是

更新创造之先兆。

诚然，那些着色的叶子感受到了上帝之手的触摸，

悄悄地，抽身离去，世间柔软无匹的形态。

层层相套，竭力前冲，终归一体，

相互安心托付依靠，并排站立；甜美的伴侣，

以措置坦然之数目拱卫着神圣祭坛，

婚姻之神登临，多么辉煌，多么甜美，这孕育生命的芬芳。

空气中弥漫着芳香。此时，每一粒种子都开始滋长，

以万千之数，悉心安放于果实之子房。

至此，大自然闭合了永恒的力量之环，

同时新的循环即刻接续了旧的一环，

这生命之链永世不断，代代循环，

而整体将会存续，一如构成其之部分。

把你凝视的目光，我亲爱的读者，投向斑斓的宿主吧。

它们已不再令你心困神惑了。

现在每一株植物都见证着一项永恒的法则。

每一朵花都以更加响亮更加明晰的话语同你倾谈。

而一旦你学会了解读它们的语言，

便可把它们尽览，尽管它们的用语或许各异。

悄无声息地蠕动，成就了蝶的迅急。

照此说来，人自身也须变化并创造性地塑形。

噢，还需要思想，重复的种子，

是如何逐渐成长为我们习惯的芽苗，

浓浓的友情何以从心底袒露，

而爱情又如何，经过日积月累，开花结果的呢？

想一想，在悄无声息的展露中，大自然

是如何将花样百出的形态出借给了我们的情感？

畅享白日的阳光！爱情的神圣

永远向上追逐那无上的果实。

在对待万事万物上,情意相投,志趣相近。

相爱之人在奇迹的和谐之境中合而为一,

升华入更高的境界。

——歌德:《植物变形记》

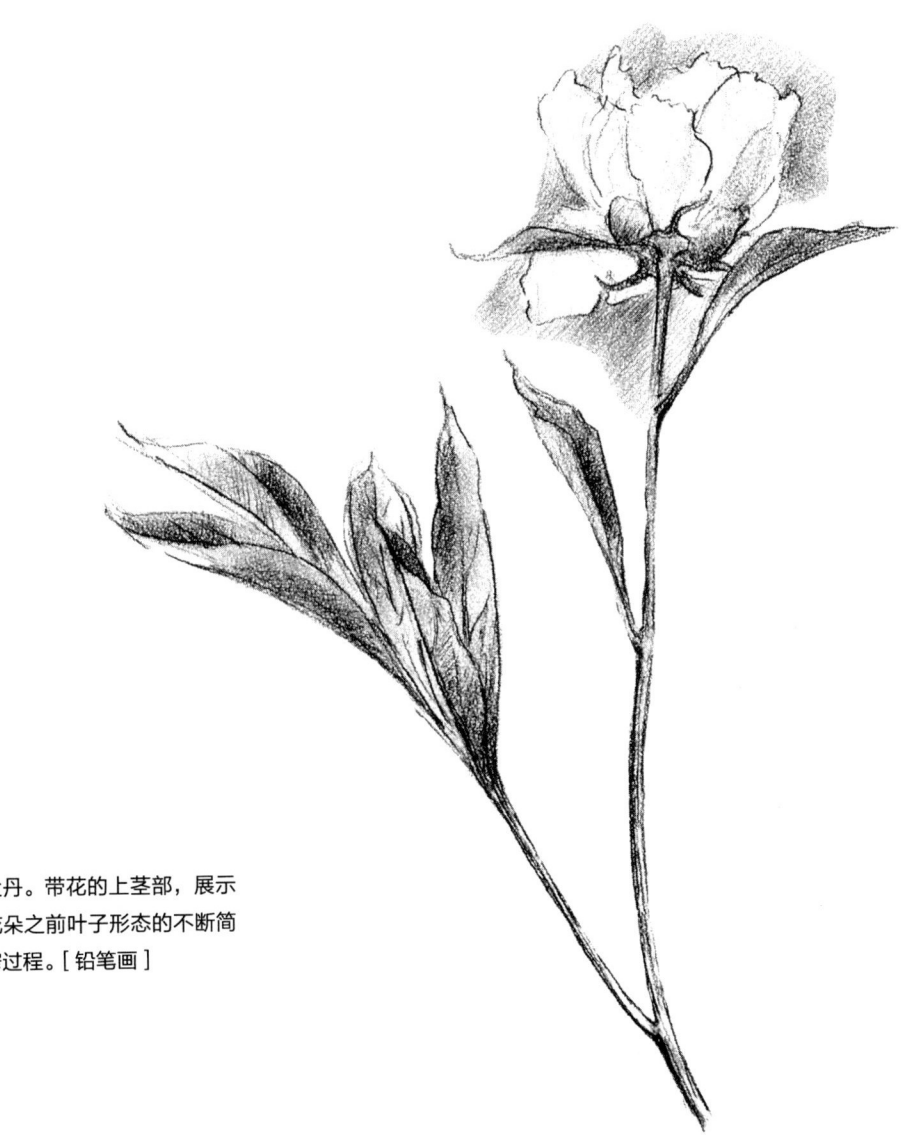

图93. 牡丹。带花的上茎部,展示了在到花朵之前叶子形态的不断简化及收窄过程。[铅笔画]

深入花瓣的内部，我们会发现另一种全新的收缩类型，我们将在稍后解释。首先，我们稍微再多花点时间在叶与花的交接区域。看着上部叶子所附着的茎部顶端，我们发现这是茎部最纤细、最柔软的地方。这里的"叶子"一半是叶子，一半是花瓣，在附着于茎杆的水平方向上膨大成某种垫子。在这里我们发现花朵的所有其他部件都彼此依附向内螺旋，但它们仍可以说处于"同一平面"上（图94及图95）。

因此，概而言之，我们会发现随着叶子的侧向生长，植株的主茎停止了向上生长，转而横向扩张成放射状对称的圆垫，叶柄会消失在叶子之中。我们早先所描绘的"单向"或"轴向"原则（属于大地及黑暗）已被一种扩展了的双向对称平面原则——其极性的对立面——所取代，它属于光明！

在这个问题上稍加思索，我们就会生满敬畏与慨叹——伴随着另一种明显相关的准则或塑形力量的快速壮大，一种力量在消退，但同时全新的事物——花朵——"发生"了。先前存在过但已消失的东西因某种新事物而"得到补偿"。这与我们迄今所见的形变有相当大的区别。当一种准则消失而另一种新的准则产生时，我们意识到（"揭示给我们"）二者共有的某种属性存在于"中间状态"中。

两极对立的准则的"过渡"在牡丹中几乎是触手可

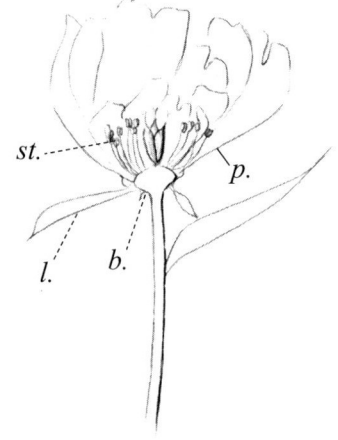

图94. 牡丹花的纵剖面图。[铅笔画]
b. 花基或花托
l. 叶（过渡形态）
p. 花瓣
st. 雄蕊

第五章 夏花　　123

及的，但在大多数其他植物中却秘而不宣。这是歌德在《植物变形记》一诗的姊妹篇《变奏》中提及的"宇宙公开的神圣秘密"中的一个。

图 95. 牡丹。阿尔布雷希特·丢勒（Albrecht Dürer）的水彩画。早在 1503 年，德国画家阿尔布雷希特·丢勒似乎便已对牡丹花蕴含的奥秘产生了深厚的兴趣。这张观察入微的画作表现了花基处叶子的所有过渡形态。

"逆变"——逆向的形变

我们刚刚体验了在茎顶叶子与花朵间的平衡点上，两个世界之间"越界"，这在前一章考察植株的另一部位时，也曾稍稍接触过。在向上生长的芽和向下生长的根之间的关键节点，即子叶生长之处，植株呈"上下颠倒，内外翻转"的形态。图96展示了苦苣菜这一区域的纵剖图。仔细观察，顺着根部中心的维管束，经下胚轴抵达茎干。想象自己进入了根内部，并沿着维管束向下行至根尖。如果你要到达抽芽区则须调转方向上行，然后会发现原本是根部中心以及在根部的向心力变成了包裹在茎干外缘上、向上作用的纤维或筋。事实上，植物已经呈现出上下颠倒、内部翻转的形变了。

比较一下根/芽区上下颠倒、内外翻转形变的物理表达，与远没有那么明确但却更明显的芽苗/花朵的这种形变之间的区别。

一项准则似乎在突然间消失，取而代之的是与它对立、但同时还有着非常密切联系的另一项准则，要描述这种活动，我们把似乎是凭空出现的对立准则命名为"逆变"。这是一个古老的苏格兰表达方式，其字面意思是"上部下倾、内部外翻的行为"（例如，将手套的里子翻出来）。你也可称之为"逆向形变"。有一种以最简洁方

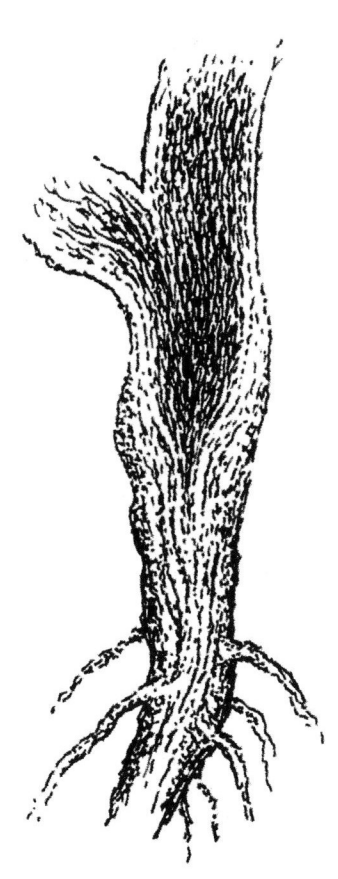

图96. 到下胚轴间的苦苣菜纵切图（Sonchus oleraceus）。该图清晰地表现出了根部中心是如何变成了茎干外部边缘的筋。同时还要注意，第一片叶子上的附着物与根毛附着物之间的天差地别：叶子从茎干处"脱鞘"，而根毛则从中心"挤出"根部的外层组织。

式概括这种形变的二维形式。让我们通过自己的绘画来探索这种形式并加深对这种形变的体验。

生活在双扭线的世界中

在一张大纸上（最好是竖放）用炭笔、蜡笔或粉笔以舒展的姿态运笔画下列图式（图 97A-E）。调动起全身参与绘画。让我们以自第三章以来一直在练习的波形运动开始，也以它结束：

A.

这一形式的典型特征是内向冲力与外向冲力"交错出现"，二者实现完美的平衡。如果我们让两股冲力互相进一步渗入对方并让二者的线条交叉，会发生什么？

 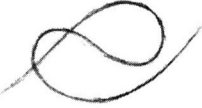  

B.

图 97A-B. 练习绘画双扭线。在大纸张上（最好是竖放）用炭笔、蜡笔或粉笔以舒展的姿态运笔画下列图式。绘制过程中要调动全身参与！

在绘制这几个连续的演变阶段时，你会发现在无须改变运动方式的情况下便可到达一种新的形态——双扭线或 8 字形，它似乎很自然地自波浪运动中生起。但我们也许该说：波浪形是将双扭线拉长并持续释放后的结果。那么双扭线与波浪形的共同基础是什么呢？让我们再次通过绘图来探索这看似简单的双扭线形式,揭开其中蕴含的奥秘(图 97C-E)。

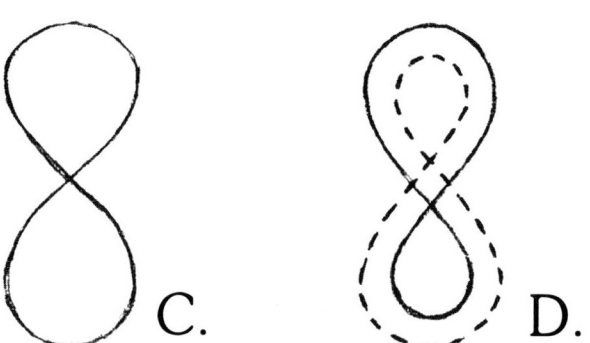

到底什么是双扭线?有人可能会说,双扭线类似于一个环,它基于连续的、自给自足的、与自身结成环的运动。它总是将你带回起点,却又允许你无限地运动下去。在绕着圆的周长运动时,圆周与圆心的关系、内部及外部的关系从来都不会改变;而双扭线则跟圆不同,每次经过交叉点时你都会"内外翻转,上下颠倒"。请记起在绘画(图 95D 及 E)时,你发现自己如何不断地在内、外之间交替。想象自己在房间里伸出右臂,沿着地板上的双扭线行走。此刻你的右手指向内部,通过交叉点后它又会指向外部。这个交叉点标志着双扭线旅程上的一个重大经验:在此处你与自己相遇,跨过了此前的路径。这可能会是一个觉醒的时刻。但在此处你也须经过"针眼"——一个极度收缩的点。在另一边,一个历经演化的你出现了。

发现了双扭线一些发人深省的深邃奥秘之后,再发

图 97C-E. 双扭线练习。在图 97D 中,你可能希望用不同的颜色来表现两个双扭线;图 97E 可以一笔绘就。注意你是如何必须不断调整双纽线圈的尺寸的。这种运动会把你带向何方?

第五章 夏花　　127

现双扭线形状或"双扭线式经验"经常出现在艺术中就不足为奇了。双扭线形状通常被运用于象征符号或构图原则,艺术家们用它来暗示演变的过程或从一种层次向另一种层次经验的转变。双扭线也是数学家们用来象征无限性(∞)的形状。

观察图98,这是一个美丽的"双扭线构图"范例。

图98. 拉斐尔的画"耶稣变容","双扭线构图"的范例。

注意上半部与下半部处理上的区别：上部的三人尽管以相当写实的手法绘出，但从他们违反重力作用及白得超乎寻常的服装上可以看出，他们明显被设计成属于另外一种现实。与上部三个人物聚拢在一起相比，画作下部人物间的关系则显得更夸张，同时也充满张力。注意图画的中间区域：我们看到基督的三个门徒躺在一个高高的平原上，尽管他们也属于"下部区域"，但这种构图方式却泄露了他们仍然，至少部分地存有参与了上部区域中所发生的事情。双扭线原则在这一主题中用得多么贴切啊！

图 99. 将双扭线体验转化成光影构图。[炭笔画]

现在我们可以从线进展到面来丰富我们对双扭线演变的经验。图 99 展示了双扭线演变成光影构图的一种可能性，它进一步带领我们进入这种内在极性的分化与扩展之中：上与下，内与外，中心与边缘。极性对立的光与影应用在图画的上部与下部。在上部的中心留白，营造出光扩张到边缘的印象；在下部，黑暗集中在中心部分，营造出光自边缘向中心收缩的效果。你可能早已注意到了，这就像是将第四章中的光影次序对立合而为一的构图方式。当时我们通过一系列审慎的步骤从一端通到另一端，而中间部分则展示了两种趋势的完全融合及中立（图 84）。我们发现光的扩张及影的收缩示现于一幅画中，提示着从一种形态向另一种形态演化的双扭线形态。试着自己描绘光与影的构图，建议你如我们在第四章中的做法一样，用炭笔在白色的厚绘图纸上画，选一个稍长的版式竖放在绘图板上。你可以在半张纸上绘出外围的阴影，逐渐向中心变亮。在纸的另一半你可以先在中心画出浓重的阴影，向着边缘渐次明亮。虽然我们用了"一半"这个词，但请不要字面上的理解，这个练习的部分目的在于让你掌握适当的尺度，即光与影的适当比例：底部多少浓缩的阴影才能平衡顶部扩张的光？这不是外在的度量，而是艺术的"感觉判断"。除了清楚地界定、平衡两部分之外，还须让运动在二者之间流动，让它们在中间融合，将中间转变成边缘，顶部变成底部，内部变成外部，反之亦然。这需要以缓慢、细致的笔触同时在上下两部分铺垫层层色调。因此，不要胶着在一个部分，而要试着在两个部分交替工作。

图 100 展示了图 99 的一例变体。在此，光与影均分化成连续的"波浪"，给光的扩张与阴影的收缩之中增加了韵律的元素。作为进阶练习自己试画一下。你可能会把每一个律动节点想象成暗影里的一片薄"云"，它或（在上部）让位于扩张的光，或（在下部）向黑暗中心聚拢。处理这些律动的"云层"里的渐变时要格外小心。你可以通过将黑暗集中在画的内部或外部，赋予它方向，以指引扩张或收缩的经验。

我们在这里稍作停顿并审视绘画的结果（图 99 及图

图 100. 含有韵律"波纹"的光影构图。[炭笔画]

100)。你将如何描述自己在画作的上半部及下半部的体验？你如何在二者之间来回移动，如何穿越"下部世界"和"上部世界"之间的"界限"？你能开始感觉到这两种极性对立的体验事实上是如此的彼此相属且相互补充吗（正如白天和黑夜、夏季与冬季等）？你能把这些体验联系到芽与花朵之间的转变吗？

我们建议你在自己的画作上做一个实验，将它上下颠倒，眼前将会出现两幅差异很大的图景。看见光在底部扩散（或者可以说进入大地）而黑暗在顶部收缩（出天国）有何感受？

这一系列画作中的最后一幅会把这些经验进一步带进分化之境。在此我们将试图结合某种我们刚才描述过的"上下颠倒"及"内外翻转"的光影经验。对于这幅画，我们建议在一张新纸上勾勒出类似先前（图100）的构图。第一层的着色要非常淡，在底部收缩的波浪阴影中心留一小片光亮的空间。这将允许你在这幅图中融入"逆向处理"——把光带入黑暗（下部）及把黑暗带入光明（上部）（图101）。

从布局的开始我们便通过涂黑上部的边缘来突出光，就好像通过在四周轻柔地打上阴影来加深前一轮光"场"的轮廓及清晰度，让光依次"展现"。必须注意的是，不要把外缘画得僵硬而把光"囚禁"在里面。一旦这发生了，光便"冻结"了并失去了扩张、"呼吸"的个性。画作上部阴影的作用就在于显现光并且使其成形。同时下面的阴影也要一同加深，虽说方式截然不同。在此，阴影自成其形，浓缩成更明确的形状，并在中心包裹着留下来的光。被压缩的光在黑暗的中心结晶，与上部熠熠生辉的光亮具有完全不同的特性。

目前在准备光与影的"容器"时，你是否体会到仍缺少某种赋予画作个性化"面貌"、以非常简洁的形式概括整个过程的东西?画作的中心部分仿佛仍在"等待"着这种"东西"来为其打上印记并因而使画作充满个性。找出合适的姿态,也许只是炭条寥寥几笔的涂抹——这事关等待适当的"灵感"显现,还要有勇气——使它更好或更坏。比较你在这个练习与做103页第四章的练习时的经验,你能感觉得到这种活动本身便是前一种活动的形变吗?

有了实践经验的背景,我们现在可以再来看看牡丹。从下部的绿叶向上,随着叶子逐渐稀疏,我们来到了一

图101. 光影构图的进一步分化。它代表了显现出最终的个性之前的一个阶段,这里没有给出图例,只有用合适的姿态或"签名"完成独特画作,你才能找到它。[炭笔画]

个起点,一个外在静止但内在却极度活跃的时刻,此刻我们准备进入另一个世界——花的世界。在这个起点上牡丹展现了肉眼可见的独特的过渡形态,否则它们都深藏于不占空间的交叉点里。双扭线式的形变过程浓结成仅有的穿越时刻,这里表现为展开了一系列的渐变步骤。我们可以见证一个准则让位于另一个准则;某种缓慢的演变纡尊降贵,成为尘世之物。

花的叶理

现在既然已经彻底搞了个内个翻转、上下颠倒,我们已准备好了进入花朵本身,还有什么比玫瑰更好的主题

图102. 常见的犬蔷薇(Rosa canina)枝条展示了它典型的"弯腰"生长习性。枝条上面顶着处于各种不同阶段的花蕾、盛开的花朵及新结的果实。[铅笔画]

呢。我们已选取了一种常见的犬蔷薇作为示例，它们在英伦各岛被广泛地用做篱墙，它有轻柔的气味、五个薄纱般的花瓣，如同起伏的瀑布般装点着夏日的草木。沿着篱墙，我们按半年前与第二章完全相同的路径行走。现在，不再是冬日暗淡的阳光及雪地上的影子，我们发现自己对厚厚的绿色的植物篱墙、嘤嘤嗡嗡的昆虫、滴落的芬芳以及缤纷的落英着迷。玫瑰和荆棘争夺着已经覆盖了五重植物的地方，就在几周前山楂树也曾紧跟着黑刺李，一时间独领风骚。就连野生覆盆子也在荆棘丛下面这里那里找个空当冒出头来；忍冬花在上层吐露芬芳；而天堂般的粉红色或白色的野玫瑰则瀑布般地垂下。靠近点我们便会发现玫瑰"弯腰"的典型特征，同时，从上一年度的几乎每个节点上向上生长，新枝上顶着一个又一个含苞待放的花蕾、盛开的花朵及新结的果实（图102及图103）。

第五章　夏花

图 103. 常见的犬蔷薇枝条。[铅笔画]

取一枝盛开的玫瑰,从最后一片叶子沿着细细的、浅白色的茎干,自花基处膨开的叶托上行,我们看到一个由五片苞叶围绕的、硬硬的绿色凸起物,这便是构成花萼的萼片。它们就像五个外形完全一样的兄弟坐落在一个膨起的杯形物上——它们真的完全一样吗?

仔细观察便发现,五个萼片事实上各不相同(图105)。此外,我们还发现它们是按从复杂向简单的形态顺序递进的,这可以说是一种对从叶子向花朵形态简化过程的回响及最后的遗存。现在,令人惊奇的是花萼连续

阿尔伯图斯·麦格努斯(Albertus Magnus)编写的一个字谜:

"五兄弟——两个长胡子,
两个光下巴,
第五个只长半边须。"
他们是谁?

图104. 犬蔷薇花的仰视图。[铅笔画]

第五章 夏花　137

形态的排列方式。从最复杂到最简单的形式，我们总须按照顺时针方向，隔一个萼片行进。因此，我们会发现自己行走在五角星的边线上。这再次回应了玫瑰下部叶子附着的螺旋模式。它遵循着一种非常精确的规则（植物学上的速写符号为5/2，意味着在新枝上连续数过五片叶子后会再次来到相同的空间方向——已经绕着茎干旋转了两次）。在生命继续展开的新枝上，两片相邻的叶子间的角度约为137.5°。在花朵上，上行的运动已告停止，角度变成了固定的144°。这样的秩序及精确的数学也许"被写入"了看起来毫无秩序的叶子区域中，并且在通往花朵的门槛上表达为图画的形式，这注定是要引起惊叹的。

回到花萼，我们发现萼片的共同之处在于它们的下侧都是凸起的，深绿色略带点红晕。上部的凹面则是柔软、浅灰绿的丝滑表面，（在花蕾开放前）它是花朵内部空间的外衬，使花朵的所有其他器官在这个黑暗而温暖的空间

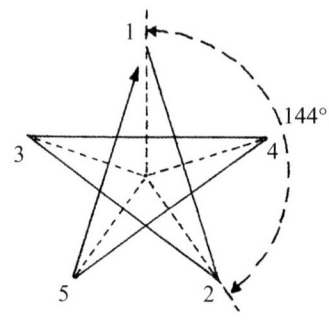

图105A. 犬蔷薇的花萼。这五"兄弟"及其独特的排列到底有什么奥秘？
B. 如果从较复杂的走向较简单的形态，我们会发现自己沿着五角星的边在走！

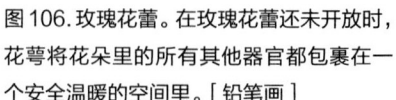

图106. 玫瑰花蕾。在玫瑰花蕾还未开放时，花萼将花朵里的所有其他器官都包裹在一个安全温暖的空间里。[铅笔画]

图107. 盛开的犬蔷薇花揭示了花朵器官的内部层次。[铅笔画]

里安全地生长发育。科学家们已发现，在某些植物（如白头翁）花蕾内部的温度可比周围环境温度最多高十摄氏度。

在盛开的玫瑰花萼上，我们发现在每两片花萼之间，附着在杯形花托的顶端，有五片娇嫩的心形花瓣。它们从小小的黄点膨胀成气味香甜、丝滑细腻、柔软的粉色表面。所有的尘世气息一扫而空，短暂的存在使它们更加超凡脱俗。花瓣形成了花朵最扩张的部分——冠冕或花冠，最清晰地向我们表明了这种植物是"谁"。许多植物只能通过其稍纵即逝的简单花瓣形状及颜色才能被识别。

在花冠盛极一时的荣耀过后只能是收缩了。确实，朝着玫瑰的中心行进，我们看到的下一个器官是坐落在柔弱的细丝上、极度紧缩的一对黄色裂片，上面覆盖着细细的花粉。这便是雄蕊与承载花粉的两个头——花药。

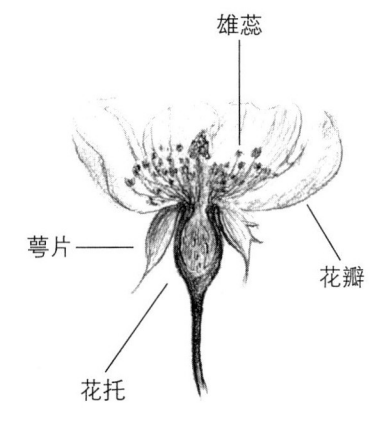

图108. 犬蔷薇花竖切面。[铅笔画]

第五章　夏花　139

图 109. 蔓生毛茛展示了花蕾、花朵及果实的不同生长阶段。[铅笔画]

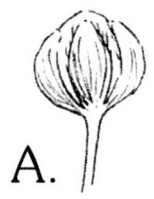
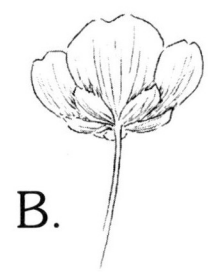
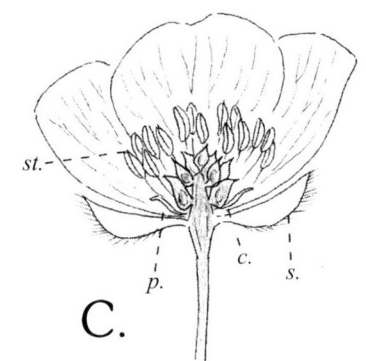
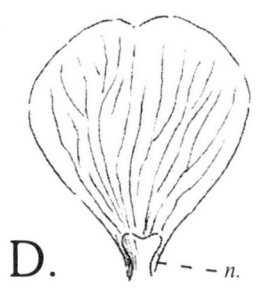

图 110. 毛茛花的不同生长阶段。[铅笔画]
A　花蕾，B　花的仰视图，C　花朵的竖切面，
D　花瓣 / 蜜腺，蜜腺容器（n）。

c. 花萼
st. 雄蕊
p. 花瓣 / 蜜腺
s. 萼片 / 花瓣

在某些植物的花冠与雄蕊群（所有雄蕊的合称）之间，我们会发现还有一个器官。沿着篱墙丛的路边上，（图 109）毛茛会袭扰所有打扰这片土地，经过这片区域的过客、马匹及行人。它们向上伸展的明黄色花朵向我们展示了尽管玫瑰极其纯洁但却不曾具备的品质。

图 110 展示了一朵毛茛花的不同发育阶段。我们可以看到，它的外层"叶子"较玫瑰花上同一部位更像花瓣。事实上，它们本质上是半萼片半花瓣，你可以从它们变黄的方式及与其他植物的真萼片相比更有花瓣的质感中看出来。在下一层，花冠同样由并不纯粹是花瓣的叶子构成。在它们下端连接茎干顶端的花托处，我们发现另外还有一个唇瓣构成的口袋，里面装有花蜜，有各种昆虫前来采集。这是植物世界送给昆虫的"礼物"之一。

第五章　夏花　　141

毛茛的许多亲戚如飞燕草、苋葵、耧斗菜（图 111）或圣诞玫瑰都有如花朵的单独器官——蜜腺（在这里，两层外缘器官中的一层要不被牺牲掉了，要不发展成一对萼片/花瓣）。

图 111. 耧斗菜花，展示了长长马刺状的花瓣样蜜腺，末端成钩状。[铅笔画]

现在如果我们考虑目前为止见到的花的各个部位（隐藏在花的绿色中心部位的实际上是即将成为果实的器官，我们将在后文探讨），总结为一幅简单的速写并注明其"功能"，从最外层或最低的部位开始，我们见到的是一个扩张与收缩并存的奇妙的四重部件（很少有植物同时具备这四个器官）：

器官	形状倾向 / 功能
(典型形状及大约尺寸图解):	
萼片（花萼） 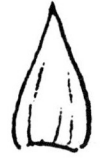	与新叶相比呈收缩状，但与茎干顶相比则呈扩张状；温暖的内部包裹着发育中的花朵。
花瓣（花冠） 	扩张进入空气及阳光之中并向外发散色彩及香气。
蜜腺 	收缩成一个包含有液体的容器——昆虫采集的花蜜，因植物而异。
雄蕊（雄蕊群） 	收缩成包有花粉的裂片，花粉是最有物种特性的尘世结晶。

图 112. 花朵各部位的形状及功能

图 113. 毛茛花展示花朵的不同生长阶段及新结的果实。[铅笔画]

图 114. 由许多月牙状心皮构成的毛茛果实。[铅笔画]

花芯

对比花在不同阶段的发育，仔细观察毛茛（图113），我们会发现一旦花瓣及雄蕊开始掉落，从花朵的绿色中心就逐渐萌生出某种新的东西。当花盛开时，这一滴由许多月牙形心皮构成的绿色珠状中心部位被雄蕊所遮盖，只有在花粉消散、雄蕊开始分解之时才开始得以显露（图114）。同时我们也可以看出，这个中心部位，即芯皮，附着于茎干的方式与花的其他部位相比是多么不同。图115展示了处于同样生长阶段的玫瑰花纵切图。我们看到，花的所有部位都紧密地呈递减的环形围绕在花托口上。在这个杯状的膨起物里镶满了覆盖着银色细毛、微

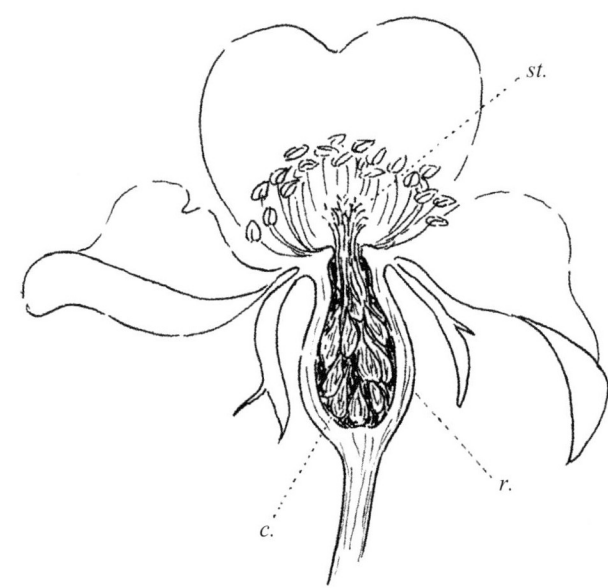

图115 玫瑰花纵切图。[钢笔画]
r. 花托
st. 雄蕊
c. 芯皮

第五章 夏花　145

小的绿色芯皮，它们相当于毛茛茎干顶端坐在某种挤压成型的垫子上（花托，见图114）的月牙形珠子。

很显然，在这两种植物中，这些器官——芯皮，跟真正的花朵部位相比还是有很大不同的。芯皮（合起来构成的复合器官称为雌蕊群）牢固地附着在茎干的顶端，下部膨大而边缘逐渐变细。比较一下雄蕊在茎干顶端脆弱的附着，再比较下对这个器官的边缘施加了双倍重量的、大大的、倒挂的花粉囊。芯皮与花朵的其他器官不同，它几乎永远是绿色的，而且在其他部位都掉落后仍然留在原地，只是膨大为未来的果实。

芯皮确实是元初的果实，是植物新的及第四个发育阶段，种子的胚胎藏在里面，我们将在下一章里探讨。

"花芯"，从另外一种意义上讲，也可以指我们在真正见到一朵花时内在的体验，那种深深触动我们内心，同时又是花作为某种特定植物存在的表达的心。在深入果实的发展之前，我们将多用几页纸的篇幅停留在令人愉悦却短暂的花以及它们告诉我们的信息上。

花的表达

本着科学探索精神，我们已经越来越详细地剖析并研究了花朵的各个器官、它们的排列方式、出现次序以

图 116. 犬蔷薇。（玫瑰是什么？）
[铅笔画]

及不同部位间的关系。我们为各部位在组合成一个整体时所表现出的秩序及智慧深感震撼。同时我们也应提醒自己，当我们初次看到这朵花时，正是这个整体，这朵花的全景在与我们对话。当我们说花朵在向我们诉说时，这难道不是一种真实的体验吗？每朵花都以它独特的方式——正如玫瑰与毛茛不同——向我们诉说着。那么花儿说了什么？它们是否只是自我表达？还是有些关于我们

第五章 夏花

自己及世界的总体信息要告诉我们？想想花朵对我们意味着什么或许对解答这个问题有所帮助。我们什么时候"用"它们？为了什么？也许常见的用法是向我们所爱的人送红玫瑰，在逝者的棺木上摆放百合，或为孩子的房间采摘雏菊。红玫瑰是我们体验为爱情的那种感觉的象征或图景，这几乎是世人普遍接受的看法了。玫瑰似乎以非常纯洁及简单的方式诉说着我们无法以言语充分表达的感情。其他植物则诉说着截然不同的东西。我们当然不会向所爱的人送豕草或千里光花甚或是毛茛花，是吗？我们更不可能以任何植物的根或底部的叶子来传递我们的爱意！

你可以想出许多我们通过鲜花向他人表达的精神特质——紫罗兰是羞怯，雏菊代表单纯，兰花表示敬畏，诸如此类。在每种花上我们都能看到一种同样隐藏于我们自身的精神品质的外在图景。尽管我们精神里的情绪及欲望经常是困惑的、纷乱的，甚至是兽性，植物却向我们展示了纯净及普世的精神品质。这也许提示了为什么我们为特定的花感到喜悦，为什么我们在自己周围种上特定品种、颜色、形状的花来匹配我们的某个面向。

在第二章的橡树及第三章的雪花莲中我们已遇到过植物的这一面向。每种植物的存在似乎都表达了一种精神姿态，以独特的方式修正宇宙性（或原型）植物。橡树有一种介于濒死与生机勃勃之间的神奇张力；雪花莲向我们展示了她的矜持。经过了一年的翠绿之后，玫瑰开始变脆、木质化，还长出了尖利的刺。还有什么能比刺更好地表达强烈的痛苦呢？繁茂枝叶上、绿叶顶端娇弱、瞬息即逝的花朵象征着对这种痛楚的蔑视，也是在经受这种痛楚之后的甜蜜表达。这是否能解释为什么古老的画作中耶稣的诞生常伴有玫瑰（图117）？

图117. 基督诞生板画上的玫瑰，伊森海姆祭坛片段，马蒂耶斯·尼萨特·格吕内瓦尔德（Mathias Nithart Grunewald）作。这是玫瑰与基督诞生相关的诸多例子中之一例。

第五章　夏花　149

如同在看他人的眼睛时你会瞥见他的灵魂……因此在深入花朵的内心时你会瞥见大地的灵魂。

——鲁道夫·斯坦纳

（Rudolf Steiner）

"圣诞玫瑰"是牡丹的近亲，它揭示了一个"宇宙公开的秘密"。它在仲冬时节开放——越过圣诞节——是预告耶稣将在一年中最黑暗的时节降临的使者。牡丹的另一个远亲是我们常见的毛茛。

毛茛要讲述的故事则截然不同，它关乎童年、对光明的确信、安全、夏日的田野，以及无论发生什么总是相同的岁岁年年。单纯、安全，一如你在院里摔了跤、伤了膝盖时挤奶女工给你的温暖拥抱！

你可能希望亲自尝试，在自家的花园里巡视或沿着篱墙，越过夏日的草地，进入"与花儿的对话"。首先像我们所做过的那样去了解这种植物，去它生长的地方，研究它的生长环境、习性以及各个部位，直到感觉与它有了"交情"。随身带上速写本，画一些整棵植株、各个部位，特别是花朵的速写。你应该对其如何生长以及在不同季节的典型形态有个清晰的概念。图118展示了一次这种邂逅时的速写——与苦菜交友。

在与该植物"交友"的过程中你可能会时不时温柔地问"你是谁"这样的问题。如果你尽力做了适当的准备工作并确保所有"幻想"均基于"精确的感知"经验，如果你好运，你的朋友会做出回应，终有一天它的存在会在你内心深处对你说话——她将会在你的内心盛开——噢，如此短暂却又如此美丽！

当这一切发生，那将无可置疑，它是你永远无法忘怀的。这是对铭刻于意义之中的真理的经验——无需去证明或证误，而是直面本质的不证自明。当一朵花在你的内心言说或一棵树揭示自己的存在本质时，你就真正与那个存在相遇了，这是对本质深刻的灵性体验，是我们在生命中这个或那个时刻都曾有过的惊鸿一瞥。我们所描述的旅程是帮助你去自己体验的一个途径，让你在自己必不可少的会晤中增长自信，越来越更亲密地（如同小王子一样）与周围的世界互动。享受吧！

小王子问狐狸："'驯服'是什么意思？"

狐狸回答说："这是人们早已忘得干干净净的东西。"

"它意味着'建立联系'。"

"建立联系？"

狐狸说："是的，没错，现在对我来说，你就只不过是一个小孩子，就像其他千千万万个小孩子一样。我不需要你，你也不需要我。对你而言，我只不过是一只狐狸，就像是其他千千万万只狐狸一样。但如果你驯服了我，我们就彼此需要了。对我而言，你就是这个世界上独一无二的了。"

"我开始有点理解了，"小王子说，"有这样一朵花……我想她已驯服我了……"

圣·修伯里·安东尼：
（Antonie de Sainte-Exupéry）
《小王子》
（*The Little Prince*）

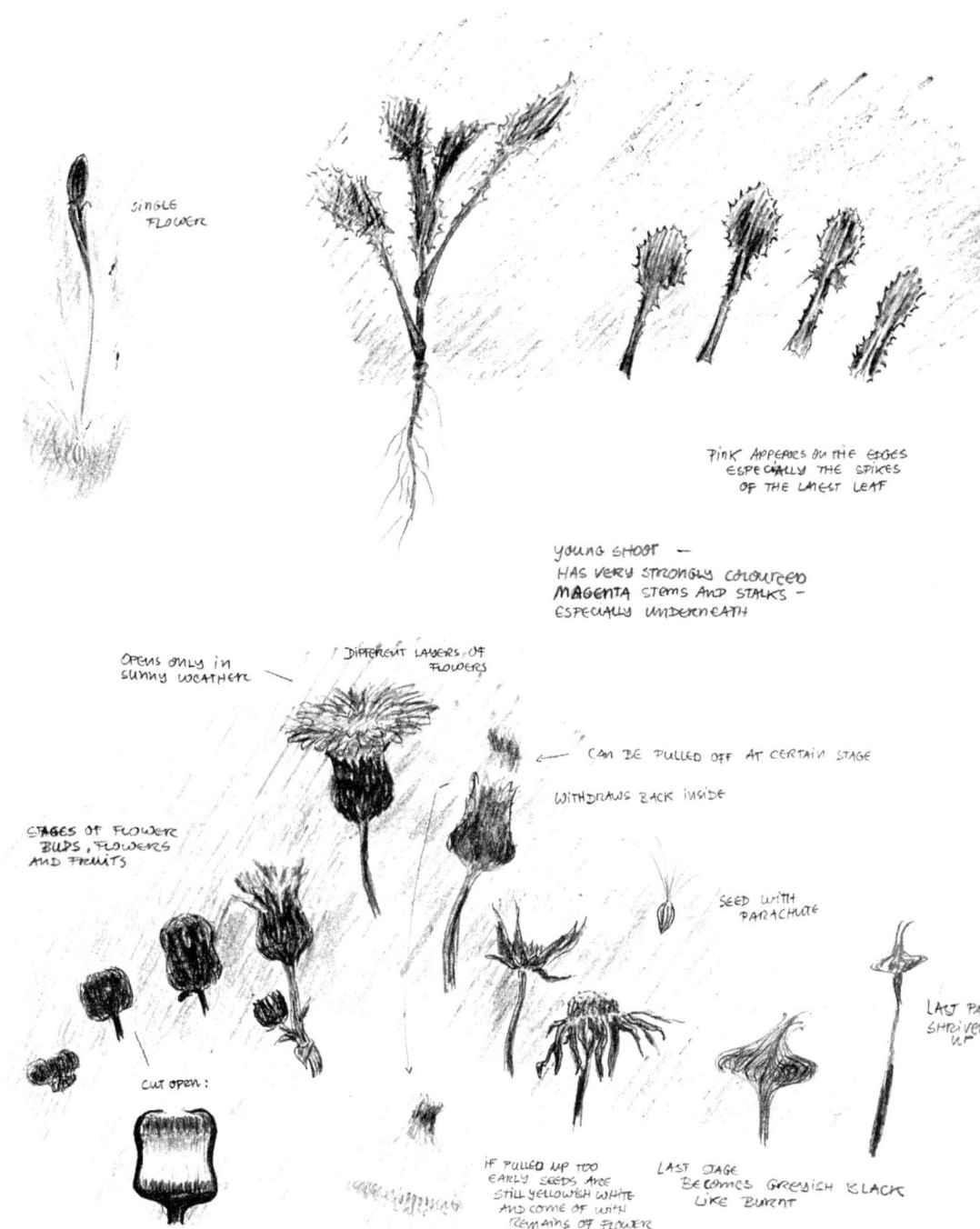

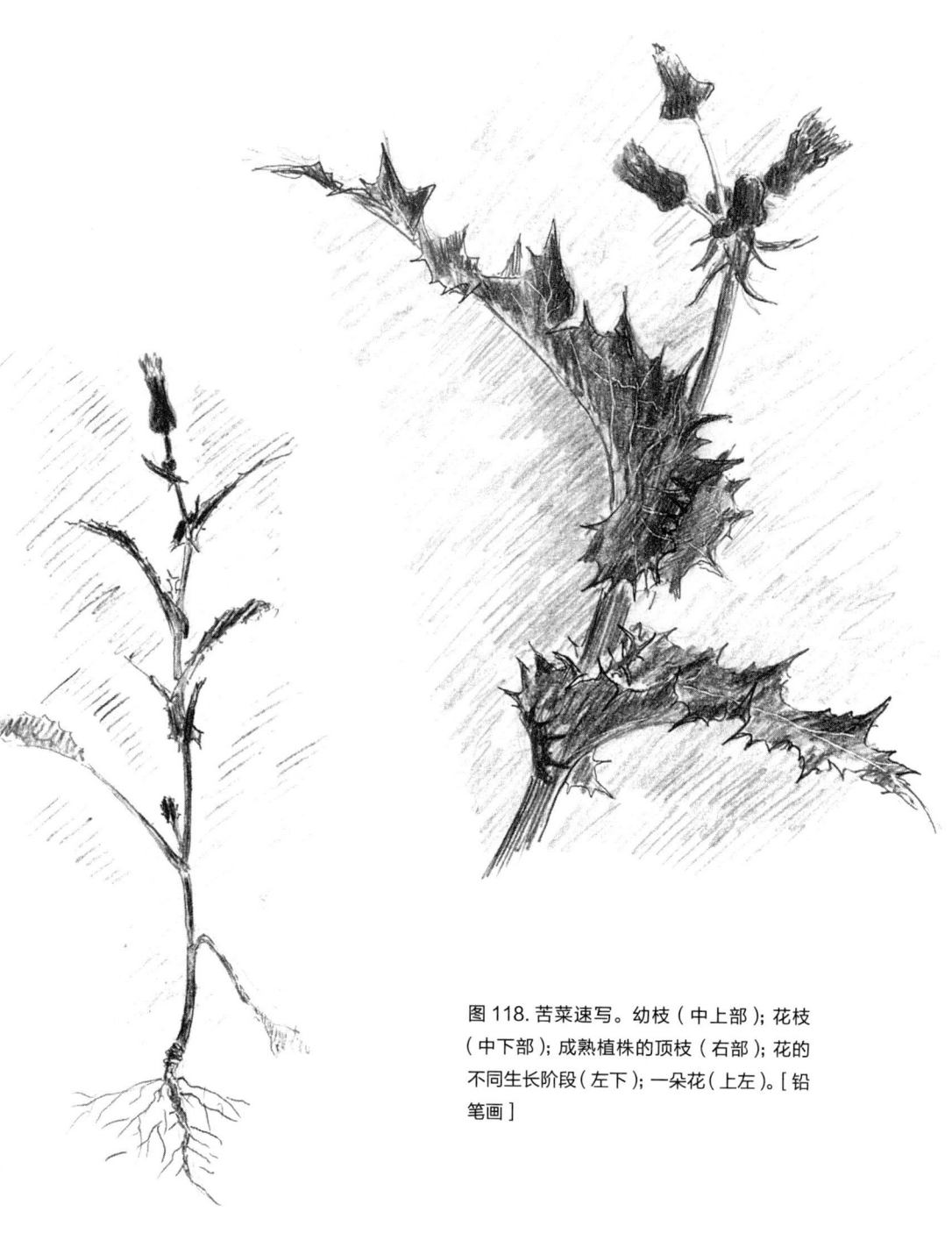

图 118. 苦菜速写。幼枝（中上部）；花枝（中下部）；成熟植株的顶枝（右部）；花的不同生长阶段（左下）；一朵花（上左）。[铅笔画]

图 119. 与一朵花对话……
"圣母和她的花园",由马蒂耶斯·尼萨特·格吕内瓦尔德绘制。

第六章

秋实

死亡与形成

秋天已经来临。初霜已在渐渐变红的林间徘徊。在脱落、卷曲,或在它们为潮湿的土地铺就的地毯上被浸成棕色之前,树叶从暗绿转为金黄、橙红、琥珀色及火红色。随着树叶的飘落,林木展露出灰暗、光秃秃的树杈,就像我们去年冬天见过的那样。在树枝的每一个曾长着叶子的叶腋上,都已展露出一个新芽,骄傲地在叶子脱落处冒出头来。它们里面包含着来年将会成形的叶子(有时是花朵)。

图 120. 秋天的苹果树。[炭笔画]

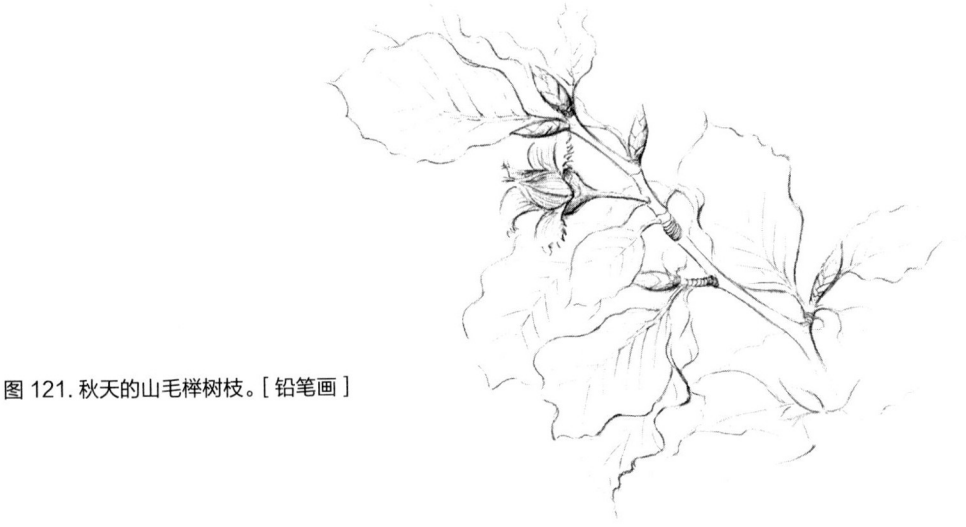

图 121. 秋天的山毛榉树枝。[铅笔画]

图 122 画的是一根类似于我们在第一章研究过的接近生长季末的山毛榉树枝,棕色卷曲的叶子正在脱落,露出了准备进入冬季休眠期的树芽。它们将安身于此直到明年春天将它们唤醒,如同我们在年初见证过的那样,舒展成娇嫩的苍白叶片(图 123)。比较这两幅画,想象一下秋天树枝上的嫩芽如何越冬来到春天;树芽里的叶子将在夏天如何展开、变硬,变成深绿色。想象夏日的寂静以及叶子里的剧烈活动,不舍昼夜直至秋天临近。随着树叶的褪色、卷曲与掉落,每一个叶腋里(在树芽中)缓慢长出了新的生命潜力。死亡之中常常蕴含着新生,它们似乎相互依存。我们就来看看七叶树树叶的死亡过程吧。

图 122. 带嫩芽的山毛榉树枝。[铅笔画]

图 123. 春天舒展的山毛榉树枝。[铅笔画]

第六章 秋实

图 124. 秋天的七叶树树枝。[炭笔及粉笔画]

体验树叶的死亡

在第三章我们观察并绘制了七叶树树芽（图 41 及图 57，图 125 是图 57 的重复）。图 124 展示了秋天开过花后的七叶树树芽，花朵早已消失无踪，在花朵曾出现的地方，一个成形的果实独坐在这个花期中曾开出许多小花的竖直花梗上。在夏季，在这些小花中一朵的中间形成了这个圆圆的绿果，它多刺的外皮已从绿色转为棕色，保护着里面光滑、正在变硬的七叶树果实。树叶已失去了绿色的活力，边缘已染上了一些棕色并开始内卷。不久秋风将会把它们吹走，抛到空中飘扬一会儿然后落到大地上，加入到树下同伴们铺成的地毯。

通常我们不想去看正在枯萎凋谢的濒死植物构图组合，一旦克服了最初的抗拒心理，我们就可能会被叶子奇妙的从棕色到黑色的光影排列、卷起扭曲的形状、各式各样干燥如纸般的质感所震撼。地面上的叶子跟我们先前认识的大方舒展、肥厚的五指状绿叶几乎无任何共同之处。似乎在最终瓦解前，它们仍须承受戏剧化的形状、颜色及质地的演变。

让我们以深切的兴趣、情感的参与——还有画具，追寻一片落叶的命运。绘画叶子枯萎及死亡的不同阶段能让我们更深地经验秋天"走向终结"的面向。

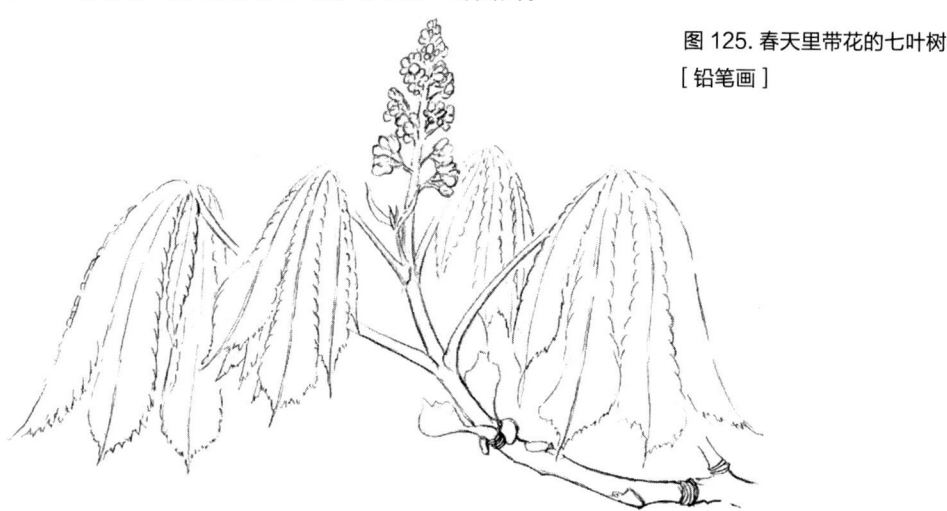

图 125. 春天里带花的七叶树树枝。
[铅笔画]

第六章 秋实

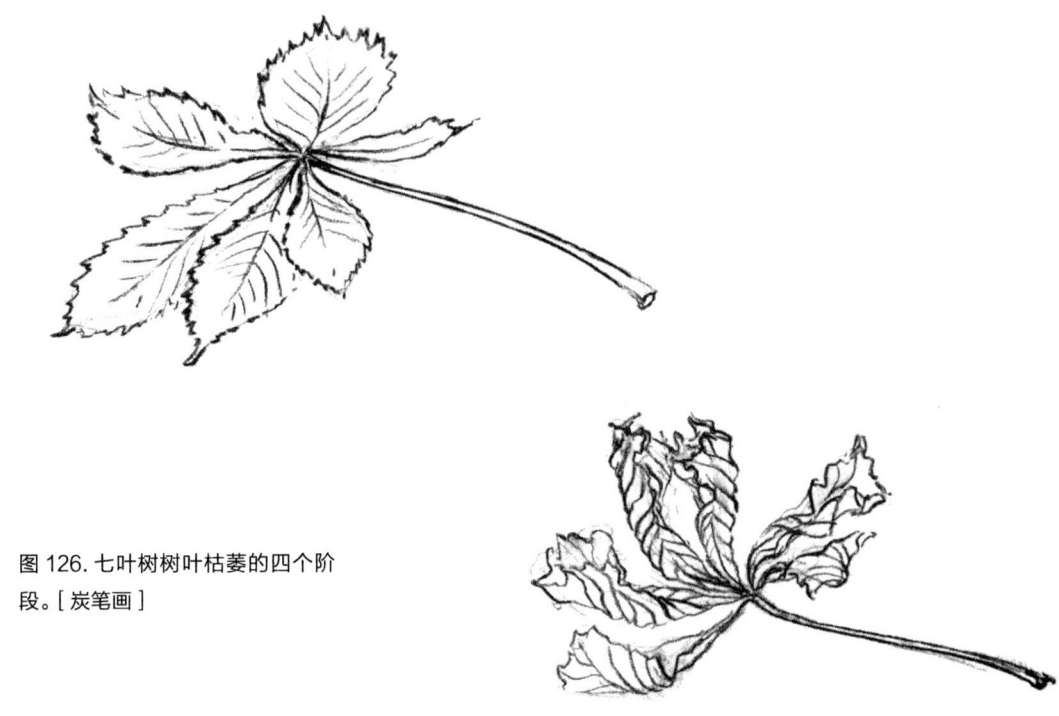

图 126. 七叶树树叶枯萎的四个阶段。[炭笔画]

用炭笔在一大张绘画纸上描绘七叶树树叶或任何其他秋叶（七叶树树叶特别适合）从枯萎到最终消解的四个阶段。集中精力于最明显的线条上，例如外部轮廓以及因组织收缩而凸起的叶脉。在最终"崩溃"并瓦解成更小的碎片之前（图126），随着舒展、扩张的叶片开始内卷甚至收缩成更紧的螺旋形曲线，请尽力在每个阶段调整线条递增的张力。逐渐降低手上炭条的力度会赋予线条逐渐增加的脆感及干枯感（尤其当你使用粗纹纸时，这种纸只在凸起地方着色，从而制造出"断"线）。想想木炭是怎么生产出来的：它是通过焦化柳树树枝制作出来的，本身就是一种"死亡过程"的结果———一种人为控制的燃烧过程，烧掉有机体只留下矿物碳。在完成消亡叶子的次序图后，你可能希望以第三、四章我们所做的相同发展、成长次序进入其内部，正如描绘七叶树花蕾绽放、雪花莲舒展或千里光生长时一样。利用我们已练习过的形象思维能力，试着进入一个又一个图景并"活在"死亡过程中。

你可能注意到了，枯萎过程是从叶子的边缘开始的。叶子的变色同样也从外缘向叶子中心一波波推进。统观整棵树，我们通常发现外圈的叶子首先开始变色。（树冠里面也许仍是春天般的鲜绿！）所有这些观察发现都指向一个由外而内的运动过程。

但我们需要考虑另一方面。在卷曲时，每一片叶子

都暂时创造了自己的内在空间；一个被脆弱、纸般的死物包裹起来的空无一物的空间。当叶子这么做时，它就把自己与树的整体生命隔绝了，退缩到自己扭曲的形状中。紧随着这最后非常戏剧性的"进入形态"的，只会是快速、完全的分解。

比较这个过程与希腊关于拉奥孔（Laokoon）（图127）的著名雕塑的复制品。这个戏剧化的雕塑表现了祭司拉奥孔及其两个儿子被两条蛇缠绕并致命地噬咬的时刻。从另一个观点来看，这个作品也可以被看成一个终点：它被视为希腊艺术文化在其文明分崩离析及其残余部分被罗马人"回收"之前最后及最高的艺术典范。

图127."拉奥孔和儿子们的死亡"雕塑，公元前 50-30 年，罗马。
[按希腊雕塑原作而画的铅笔画]

秋与春

正如在人类文明的演变中一个文明的消亡隐藏着另一个新文明的诞生一样，我们也在所有自然界的发展过程中（不管是小规模还是大型的演化）发现，死亡之中总是蕴含着新开始的源泉。从特定的观点来看，秋天树叶的死亡真正代表了一个结束；然而就在死亡的那一刻，在叶柄与树枝之间的断点旁边便是萌芽——为来年准备的新开始。

比较这两种极性对立的过程是一个有趣的练习——进入处在"春天"成长、发育中的植物中，然后再将它与自身（或另一种植物）在"秋天"的死亡过程做比较，然后再让它们在你心中静静地回荡。你可能想关注在每个"季节"在内心升腾的东西并与春秋的外在姿态比较。

秋天，当我们依照传统"清场"并"烧掉枯木"，关于来年计划的新创意从心中冒出来，如同种子（或苞芽）一样。它们在冬天里被仔细推敲，也许最终会在春天生效。春天我们会甩掉厚重的衣物，就像是树叶脱落一样，做一番大扫除，将我们的家连同我们自己清理得焕然一新，好比是复活节时装扮好的树一样。

随着萌芽从死去的树叶上生出，我们也能在每个季节发现一些截然相反的东西。秋天树叶变幻的颜色常提醒我们春天的存在，鹅黄的春绿混杂在秋天的火红及棕色之中。在"死亡"的季节里我们看到"生长"的事物的回响（反之亦然：春天的第一簇新芽通常在萌发之初便带有秋天的红晕）。仲冬的静空中常预言着夏天天堂般的色彩；而盛夏草木的死亡及硬化则暗示着冬天冰封的沉睡。

类似于季节更替的过程也发生在南北两个半球中。当北半球的我们庆祝复活节之际，在地球另一边的人们则处在金黄秋叶的包围之中。因此，我们的复活节是对地球另一端秋天的空间平衡，我们的圣诞节则对应着另一端的盛夏。我们的春天需要我们的秋天做时间的平衡，还需要地球另一端的秋天做空间的平衡。自然界中随处可见这样的对立及表面上的矛盾。即便是太阳和月亮也在对立的季节映照着彼此的运动。在整个冬季，月亮如夏天的太阳一样高悬天空，反之亦然。春季和秋季它们悬挂的时间是平衡的。

果与实

如果观察某些事物，如本章的开篇画作的苹果树（图120）在秋天的全部活动，就会对相互渗透的生命循环有更深刻的体验。我们看到一年生长的最终高潮既化成成熟的苹果累累悬挂枝头，也化成淡金黄的叶子飘落，而几寸外便是外事具备只待春风的新芽。就连每个枝头叶子和花朵的数目也都紧紧地蜷缩在两种不同类型的苞芽之中。（回想一下我们在第三章里讲过的山毛榉苞芽！）

图128展示了一枝同时带有叶芽及花芽的苹果枝。较大、较圆的丰满苞芽将在来年开出花并结果。而较细、较尖的苞芽将长成长长的、木本的叶枝，不会开花或结果。

如果你看着我们的画作——或更好的办法是直接看看外面正在结果的树，你将能"活在"自去年秋天以来体现在这棵树上的全部季节循环中。在想象中让苞芽在整个冬天休憩；在春天膨胀勃发成柔软的绿玫瑰般的圆叶，簇拥着花芽；这个花芽随后会绽放，盛开成带着一抹粉红的白花。想象昆虫在花丛中呢喃，为芯皮及其后的果实授粉。与此同时，叶子也在生长，抽出长枝，枝条变粗，苞芽成形，果实膨大。最后，秋天将叶子及果实染成金色、黄色、红色，最终我们会回到了起点———个循环的一年之后。

当想象苹果枝时在思索里停留一会。对引发所有成长的终极高潮、植物奉献给世界的东西——果实的感激之情可能会在你的心中油然而生。果实内孕育的小小种子，连同紧裹的苞芽，在我们心中唤起了希望与期待，一切将在来年发展、结果。我们在这样的思索中意识到，时间从未静止，生命永远在变化及演变。矛盾对立的过程（四季、死与生）与空间（地球的两半球）肩并肩持续工作。正如歌德所说的：

"已成形将马上再次被塑,而且如果我们想有所成就,按大自然的生存之道,我们必须在某种程度上试着按她为我们树立的榜样那样,保持活力及弹性。"

如果我们理解植物或任何生命的生长,我们就必须学会在内在同时维持生死两极——正如地球因其内在的需要而同时承担春与秋。

图 128. 苹果树枝。[铅笔画]

从苞到果

　　从实际的角度来看，果实及种子的这种成长意味着什么呢？就让我们跟随一个秋天的苞芽来到春天，度过夏天，直到抵达秋天结果的过程。我们选择野黑樱桃或苏格兰甜樱桃，它在五月出叶之前开花。图 129 展示了一个野黑樱桃花芽在不同时段直到结果的生长过程。经过了冬天数月悄无声息的准备之后，朵朵鲜花从花芽处迸发，为樱桃树披上了由娇嫩的白色小花织成的云状斗篷。这白色的美景只在五月的薰风里短暂逗留，醉人的花瓣在空中飞舞。不久树下便落满了带着红晕的白色花瓣。但花瓣的飘零却伴随着果实的形成。

　　你可以自己尝试一下，这比我们先前所做的都要费时得多，但却值得。如果在十一月——圣芭芭拉日——将树枝砍下并一直放在室内，那我们就能在圣诞节时观察到这个过程的开始。你不会看到果实成形，而且花也会很小，但它们会展示自秋天以来包含在苞芽中完美、完整的形态。（而且圣诞节家里有樱桃花盛开该是一件多么美妙的事啊！）

　　图 130 展示出了樱桃花的纵切面。我们可以清晰地看到鲜花的所有部件是如何附着在一个杯状物的边缘上的，随着它们的枯萎、掉落，坚硬、光滑的绿色珠状芯

图 129. 野黑樱桃（苏格兰甜樱桃）从花芽萌发、开花到结果。这些图是在二月到六月间绘制的。果实成长的最后阶段参见图 140。[铅笔画]

第六章 秋实

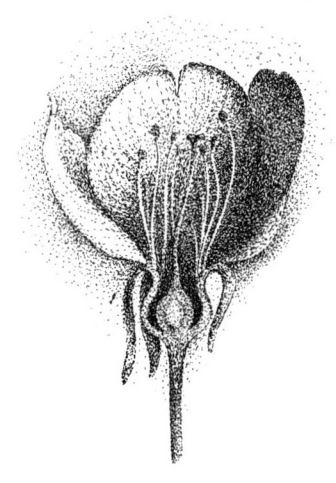

图130.樱桃花的纵切图。[铅笔画]

皮（未来的果实）开始在花托（图131）中心处膨大。在樱桃里，芯皮的外层或"果叶"随着果实逐渐成熟而膨大，而内层收缩、变硬，围绕着种胚凝结成单个的果核。

果"叶"

如果我们比较花朵最里面的两个器官——花杯边缘最内层的雄蕊和正中心的雌蕊，你很难想象出比这二者更能体现极性对立的形态了（图132及133），它们在功能上亦是如此。花药内雄蕊花丝顶端膨起的双头里包含着花粉。人们称它为花"粉尘"，它是植物身上最坚硬、最"结晶化"的部分，它可以存活数千年而不受损。花粉形成于花丝头（花药的花粉囊）"卷曲的叶子"里面。你可将其看做是这种植物经脱水、蒸馏的俗世精华。我

图131.樱桃果实的成长。[铅笔画]

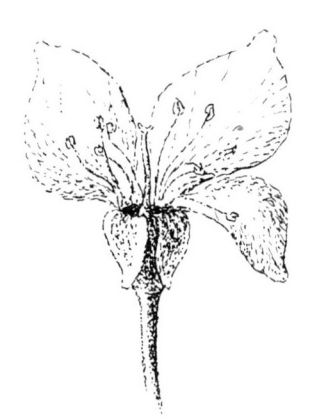

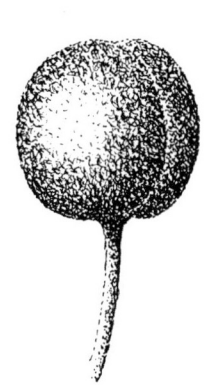

们可以通过花粉颗粒的形状而轻易判定植物所属类别。正是基于植物这一部件的耐久性及楔形晶体特性，花粉分析被应用在考古学中。有人可能会说，从某种意义上讲，这是植物的"末路穷途"。至此，该植物再无路可走（或生长）了，只能随着花药的解体而飞向虚空。花粉被昆虫或风四处传播，甚至可以被带到大气层的外围！

如果我们想象与刚才描述过的雄蕊对立的极性姿态，它应该是接近大地、柔软、圆圆的，不是脱水成形，而是充水、柔软且柔韧的。这正是雌蕊的特性，是植物长出的最后一个器官，是未来的果实，我们此前还未曾讨论过。雌蕊因位于茎干顶端的花托中心而维持着与大地的坚实联系。歌德曾说：

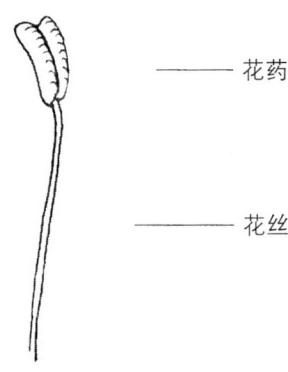

图 132. 雄蕊图示

"不论是前瞻还是回望，植物始终都只不过是叶子而已，与未来的胚芽是如此不可分割，以至于我们无法在想到其中一个的时候不同时想起另一个。"

我们已见证了这种说法的正确性，因为茎干上的叶子与苞芽是联系在一起的。现在想象一片对折的简单"叶子"（环绕着苞芽保持包裹的姿态），沿其边缘"缝合"，使叶子内部留下一个空间，我们就得到了一个芯皮或"果叶"似的东西。胚胎种子从接缝处的叶脉尽头生长，这被称作胎座。在现实生活中我们可以从一种分布在路边的简单植物上清楚地看到这一点，那就是野豌豆。

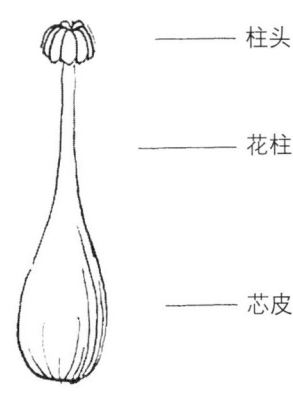

图 133. 雌蕊图示

第六章　秋实

图 134. 野豌豆。本图展示了从顶端的花芽到生在底端完全长成的果实之间的几个生长阶段。[铅笔、钢笔及墨水画]

果实成形

图 134 展示了一棵野豌豆。在植株的顶端我们可以看见花朵，将未来果实包裹得严严实实。随着花朵的开放，在昆虫造访期间，花上的柱头显露了出来。昆虫的绒毛上粘着从其他野豌豆带来的花粉，在触到黏黏的柱头时会留下一些花粉粘在它的表面。这便开始了一个不借助于显微镜、不切开花柱就无法观察到的过程。事实上，花粉颗粒开始消化雌蕊上的蜂窝状物质，沿着花柱向下生长，并通过坐落于胚珠内部早已准备就绪的植物胚胎底部或心皮最内层组织上的一个小孔进入。

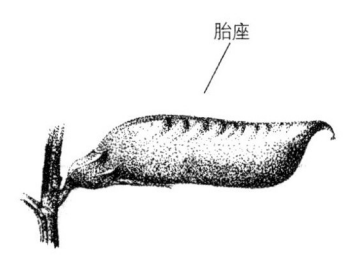

图 135. 野豌豆豆荚。沿上缘走向的粗大脉络为胎座。在这条脉络上隆起的是正在发育的种子形状。[铅笔画]

花粉颗粒和胚珠的两套染色体相结合，细胞开始分裂。这是植物种子内部新胚胎成长的开始。（如果你想在这方面多些了解，那么你就需要阅读配有高度放大图片的现代植物解剖学专著。）

让我们回到肉眼可见的东西，追随可见的果实成长阶段，来到野豌豆植株的下部（图134）。随着豆荚（心皮，看起来像折叠的叶子）的扩张、生长，花朵会凋谢。我们仍然可以在豆荚顶上看到花柱及柱头的残存部分，在腹部（下部）表面的中心叶脉以及在背部（上部）边缘上观察到一条更大、更粗的叶脉。随着豆荚的生长，从豆荚上部接缝（名为胎座）上生出的脉络变得粗大起来，

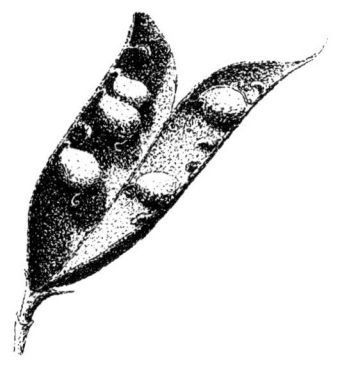

图 136. 剥开的野豌豆豆荚。如果要打开一个成熟的果实，你必须将指甲或一把利刀插进两条接缝的正中间才能看到像本图所绘制的图像。[铅笔画]

第六章 秋实

我们可以看到豆荚内紧紧地附着在接缝上（图135）有一个个的膨起物。如果沿着接缝打开豆荚，就会发现这些隆起是正在成长中的种子。它们稳稳地生长在胎座上，交替坐落于两瓣叶脉上（图136）。在图例中，只有一部分未来的种子发育完全了。这可能会让你想起一种家常的、多汁的落地生根属植物——也称"歌德植物"——见图137，这种植物定期在其叶子边缘、叶脉尖端处繁殖新生植物。这一现象令歌德发现了叶子繁殖的潜力：

"……不论是前瞻还是回望，植物始终都只不过是叶子而已，与未来的胚芽如此不可分割地维系在一起，以至于我们在想到其中一个的时候无法不同时想起另一个。"

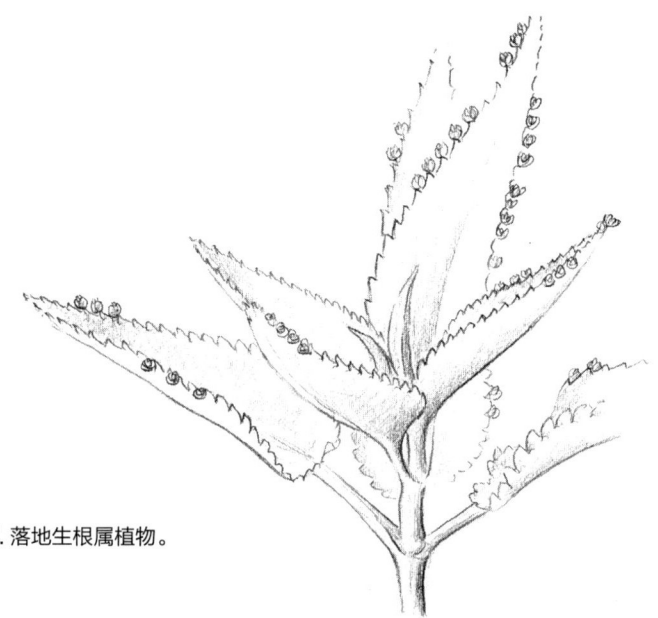

图137. 落地生根属植物。

不难想象，这些落地生根属植物的其中一片叶子会卷曲起来，而新生植株会蜷曲在里面，包在种皮里。实际上，这类从在落地生根属植物中体现出来的无性繁殖到真果生长是一个巨大的进展及演化步骤（也将是另一本书探讨的话题），这也体现在许多通过插叶进行繁殖的植物身上。叶子繁殖的通常做法将引致一个高潮（开花）、一个死亡和一个新生（花粉和胚珠）。植株的新生（种子发育），某种全新事物的产生，发生在与植株生命其余阶段生长所紧密依存的外界——隔绝的内部空间之中。

但就目前而言，我们已经看到，简单来说，果实是由叶子折叠起来形成的双缝即胎座脉络，"果叶"的"未来"边缘在此合拢。在我们举例的野豌豆中，有一排种子交错坐落于两条缝的两边（图136）。一个豆荚果里可能会有一颗或多颗种子。有些植物，比如我们熟悉的毛茛，每一个果实里面只有一颗种子（图138）。它的果实不会膨大成豆荚，而是保持小小的、干燥的包裹在种子外面的一层薄薄种皮（即所谓的瘦果）。

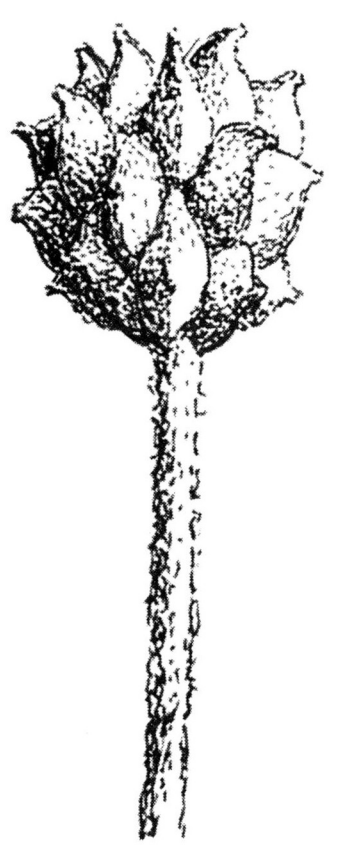

图138. 毛茛果实头部，展示了多个扁平果实的排列，果实未膨大但维持其作为包裹在种子外面的薄薄种皮，每个果实里面含有一粒种子。

果实的各个生长阶段

回到樱桃，我们可以发现它在生长初期与毛茛及野豌豆的共同之处。毛茛会结许多果实，每一个果里有一

第六章　秋实　177

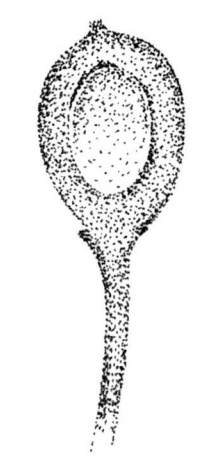

图 139. 樱桃果实的竖切图。[钢笔画]

粒种子,所有果实都簇拥在花朵中心绿色、锥形的"垫子"上。野豌豆每一朵花结一个果,每一个果里有多粒种子。樱桃是一个果里有一粒种子。仔细审视,我们会在初结的樱桃果实顶部发现柱头的残存以及在一侧有微小的凹痕,这便是胎座(图 140)。如果沿着这条缝切开一个成熟的李子、樱桃、桃子或蜜桃,你会发现,这里是果肉最粗糙的部分,果核或种皮包裹着胚胎坐于其上。在樱桃里,这好像是"果叶"的一部分膨大而成,变得汁多肉厚,形成了让人食用的部分,而最内层的"果叶"则硬化并形成包裹着种子的"果核"(图 139)。

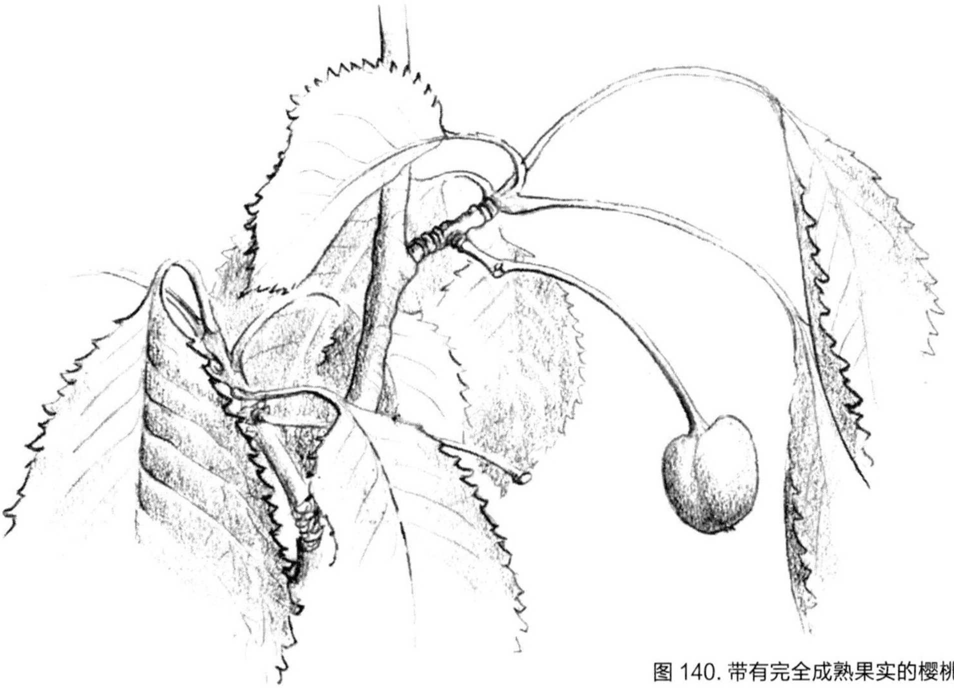

图 140. 带有完全成熟果实的樱桃枝。[铅笔画]

让我们再对果实形成过程稍做探讨，看看这能否让我们对整个过程形成一个完整的图景，并将其与此前我们在该植物其他部位上发现的部位关联起来。

我们会考察在花粉给胚珠授精后果实形成的整个旅程。我们首先观察到的是自下而上的爆发式生长，胎座脉络得到加强，胚胎开始发育。植株与大地孕育生命的能量重新联结，事实上也揭示了在坐果期间，许多植物常伴有各部分的爆发式新生长。这是我们在第三章中所观察到植物在春天首次迸发生长的回响，这令我们回想起在叶子的变形次序中的"抽茎"活动。

紧接抽茎／脉络生长活动的重新旺盛便是果实的膨大阶段。豆荚的尺寸增长，容量增加；樱桃里则不断蓄积含水的物质。这一阶段不会出现重大分化现象。绿色的果实不断膨大，所占空间日益增加。这就好像是叶子生长次序中的"展开"过程，或植物变绿的一般性扩张。

下一阶段相当于"开花"过程，是果实本身的简略形态，是所有让我们可以识别出每一个类别并区分出彼此之间差异的奇妙糖分、香气、颜色及质地的分化。这是一个与叶子的形变次序"分化"紧密相关的过程，据此我们得以将一个物种与另一物种区分开来。

果实成形的最后一个阶段是"成熟"，果实形态已经完备，体量已长成，并且有能力独立于母株而存活。

这一圆满收尾或果实成熟高度依赖于外界的温度。这相当于叶子生长次序中的"抽尖"活动——随着叶子绕着茎干生长，我们同样也看到一种向立体形态发展趋势的开端。

因此，你可以看出我们是如何跨越果实的各个生长阶段，就像以素描形式"汇总"此前植物生长的所有阶段，从与大地的根状连接，到膨胀成水灵灵的绿色小球到花的形态，分化成各种气味、口感、颜色及质地，到最终成熟或圆满转化成一种独立的存在。

现在果实已成熟，而随着果实的成熟，植物首次实现了完整的三维形态，与此同时，独立于大地而存在。这意味着什么呢？

从一维到二维再到三维

如果我们稍事停留，回望整个植物的生长过程，从种子发育到果实成熟，我们可以自问一下：植物在空间的成长到底是怎么样的一个旅程？

简单来说，我们可以将这个旅程总结如下：植物以一个点（种子）开始了生命历程，持续发育成一条线（茎干及新芽）。在有律动的间歇中这些线条扩展成平面（叶子），越接近花越显现出三维趋势。花由一个个失去线条

（茎干）的独立平面构成。花已经接近复杂的三维构造，有一个由花瓣和花萼的平面创造出来的短暂闭合的内部空间。但只有在果实中植物才实现它的最终目标，创造一个自足而又完整的三维"身体"，里面含有一个可以容纳某些新事物的黑暗中央空间。

让我们再对点、线、面及三维身这些简单元素稍加探讨。

图141. 蔷薇果。这幅画使用了交叉影线技巧。一层又一层不同方向的笔迹为画作添加了景深，同时也突出了图中央蔷薇果的立体感。[铅笔画]

带着一个点去漫步

何谓点？它是我们所能想象到的最小元素。事实上，我们只能在脑海中想象它，因为我们一旦开始把它画出来，即便是用最精心削尖的铅笔画出来，它都不再是一个点了。"理想的"点是没有维度的，它是无限小的；它代表了极度的收缩、凝聚，一个潜藏于自身的纯粹潜能或精华。

在此，这个点已从一个位置"漫步"到另一个位置上了，从而创造出了一条线条，创造出了第一个维度。我们是怎样画出一条线的呢？我们在纸上滑动（非理想状态下）铅笔尖，在铅笔尖后面留下一条石墨的痕迹。保罗·克利（Paul Klee）声称，"线条是运动的痕迹。"在从点到面的过程中，我们遇到了方向以及在时间里的运动这些活动元素。

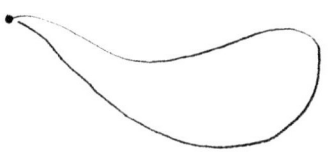

这里究竟发生了什么？这个旅程在某种环形的漫步中将点带回了起点，并创造了一个闭合的形状。看着这个图我们就会意识到某些别的东西。

一种新的元素——由线条封闭起来的区域——二维平面出现了。仿佛当我们意识到这是一个封闭表面之时，我们就不再将线条体验为一种运动，而是把它体验成一个固定、静止形状的轮廓。当我们在维度中继续时，维度的元素变得更加具体而切实。让我们再前进一步，再加入另外一个元素。

图 142."带着一个点去漫步"。
[铅笔画]

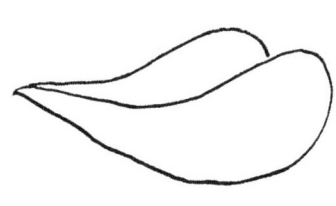

第二条线条加入进来，创造了另外一个封闭表面。事实上你看到了什么呢？稍稍动用一下想象力，这个平面图形便转化成一个三维意象，一个由弯曲的表面创造出的中空、内部呈碗状的图景。这一想象出的形变涉及我们在无意中添加了一些我们所看不到的东西，从而形成的一个完整意象。

这一观察令我们意识到，随着自二维向三维的进展，我们进入了这样一个领域，尽管它会更"真实"、更明确，但它同时也带给我们深切的神秘感：我们永远无法从一个视角将三维形态尽收眼底。总有一些在我们视野之外的东西，只有改变视角才有可能发现。而不论我们从哪个角度观察，这个三维物体总会展现给我们不同的景象。

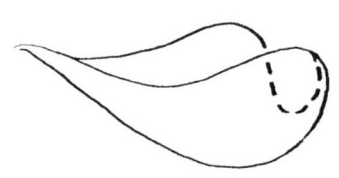

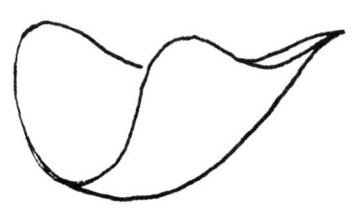

如果我们打算在一张扁平的纸上表现三维形态，就必须借助各种"把戏"来创造这种在维度上具有深度的错觉。这些"把戏"包括了文艺复兴时期被艺术家们"发现"并从此广泛应用的线条透视法和光影的使用。

这张图展示了点走完其全部行程后的最终转变。添加了明暗对比后，通过传递一种质感及重量感，我们离三维更近了一步。这令我们想起了这样一个事实，实心材料通常是三维且不透光的。他们不透明的表面反射光线；他们的实心形状投下阴影。光影的现象与实心、三维物质紧密联系在一起。

第六章 秋实 183

秋实——结束还是开始?

秋天是收获的季节,是采摘大地上(及天国里)果实的季节。丰收时节在教会祭坛上摆放各种各样收获的蔬果庆祝是古已有之的传统。想象一下,色彩丰富、硕大、圆润多汁的苹果、梨、葡萄、鲜豌豆、西红柿、各种坚果及大地上出产的其他果实堆满了桌子。如此众多形态各异的、饱满立体的形态、色彩及质地激发了古往今来无数的艺术家将它们纳入"静物写生"构图中去(图143)。

"静物写生"到底意味着什么?静物写生图描绘了生命,静止的生命。在艺术家的画作里,自然界永恒的变化及发展暂时静止了。在静物写生中,如同果实一样,自然进程走到了终点——是这样吗?难道生命不是只不过被抑制住了,缓慢下来在等待,就像是饱满水果里小小的种子,在等待一个新的开始?静物是不是"仍然活着"? *

静物写生的另一个名称是法语词"Nature Morte",其意义为"已死去的自然"。把它们从所生存的自然环境中取出,以具有美感的方式摆放在桌子上或碗里并以室内灯光来照明,这些来自大地的水果在艺术家的构图中获得了一种全新的、人文的意义。它们不但对我们饥肠

---

* 译注:"静物"与"仍然活着的"在英文中都可用 still life 来表达。

图 143. 卡拉瓦乔（Caravaggio 1573-1610）创作的水果静物写生作品。这幅画作展示了一个装满了秋天收获的水果的篮子。画家以娴熟的技法表现了不同表面的丰富触感。请注意观察水果饱满的形态与枯萎叶子的对比。

辘辘的胃（在胃中它们也会获得一种全新的意义！）有吸引力，同样也吸引着我们的美感。

每一个艺术创作都隐含着一种破坏行为或死亡，与此同时也隐含着创造新的环境或整体。人类的消化也遵循着类似的程序，一开始是对我们摄入食物物质的逐渐破坏，这个过程最终服务于维持我们体内新的生命并令我们有能力采取新的行动。

这看起来很恰当，我们在许多静物写生中都能发现果实的身影，植物身上最具立体感的部分，也是获得了独立存在并代表着植物最终成就的部分，植物的"终端产品"——作为人类食物的最终演化阶段。事实上，我们所食用的多数植物部位都是被"抑制住"并且在其发育初期便膨大了的东西。它们变得"像果实"；还记得马铃薯吗——膨大的茎干，花椰菜是被抑制的膨大花朵，茴香则是一条在其生长历程中被抑制的茎干上膨大的叶基。

描绘静物

就让我们以某些水果来构思一幅静物写生画,以此来庆祝水果三维的丰饶并结束这一章的讨论。找一些时令的水果并将它们以你觉得舒服的方式摆放。尝试用几种形状不一、大小各异的水果,并花点时间来摆放得有趣些。你需要三至五个水果,不要超过这个数,用较少的元素更容易构思协调一致的画作。

下一步要做的便是画出构图的轮廓(图144),只用数笔实线(铅笔或蜡笔)来勾勒水果的形状、比例以及它们之间的相互关系。以整体构图的轮廓开始,然后再描绘每个水果的边线(如同我们在第二章描橡树的做法)是对绘画有所帮助的。要特别关照重叠的形状,即一种形状的哪个部分被另一种形状所遮盖。始终要在脑海中

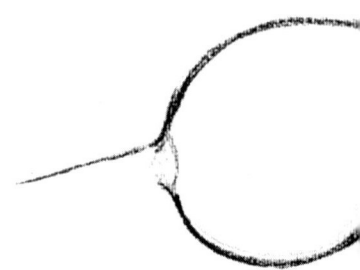

完成无法看到的部分。如果你照做了并以有力、紧凑的曲线勾勒水果的轮廓，那么最初的几根线条便已呈现出三维形态了。不要羞于就同一构图多画几幅素描，直到你觉得对形状、比例有了把握并且你的线条开始表达了水果的多汁为止。

图 144. 静物写生构图。以淡淡的线条勾勒整体构图的轮廓开始，然后用几条普通线条画出水果的轮廓。你可能喜欢尝试不同的构图，更换水果、改变它们相互之间的关系以及它们编排的方式。[蜡笔画]

接下来我们将用光影来充实我们的图画，并从而尝试提升画作的三维效果。我们建议先以简单的物体，例如球体来练习。你也可以用一个简单的圆形水果，例如苹果来练习。将选中的物体放到靠近窗户的书桌上，观察阳光如何投射到它身上。向着窗户的那部分将显得明亮，而另一面则显得暗淡，或多或少有条明确的界线将苹果分成明亮和灰暗两部分。观察这条分界线的形状是如何依你的视角而发生变化的，当你移动，它会跟着改变。你会在桌子上发现物体投射下另外一个影子。如果这个物体是个正球体，则这个阴影会显示为一个椭圆形。在这种摆放形式中最黑暗的区域是哪里呢？这将会是物体下面被"吞噬"的投影部分。

在暗房里用手提电灯来替代阳光做同一个试验是很有用的。你会发现电灯会投射出更清晰的阴影，而且光亮部分和阴影部分之间的界线变得粗糙。移动光源的位置你可以研究物体上的阴影以及物体投射的阴影是如何相应地发生变化。这会令你对光、物体与阴影之间的关系产生感知。

在对这一现象经过一些仔细的观察后，你可能会尝试凭借记忆来描绘观察到的现象。取一张厚画纸（大约500×350毫米），涂黑背景，留白球体的形状及桌子的表面。接下来，仔细涂黑物体上的阴影。记住，阴影的精确形状取决于你脑海中光源的位置，同时也取决于你如何想象自己与物体之间的位置关系。这同样适用于投射在桌面上的椭圆形的尺寸、方向及长度。在添加这个投影时，试着去体验这会对图画的外观上造成什么变化。你是否能体会到这种投影如何"承托住"物体并赋予它重量感（图145）？

在简单的物体上练习了光影的使用后，现在我们可以进展到在静物写生构图上应用学过的技巧。取一张新纸，再次用淡淡几根线条勾勒出构图的轮廓，然后再慢

图145. 球体。本图展示了凭记忆绘制的一个简单形状的光与影效果。[炭笔画]

慢按照光照方向来填充光影的明暗层次。开始先在背景上涂一层灰色，留出水果本身。然后慢慢从背景向前景进展，给每一个水果覆盖上阴影。最后便可添加上投射阴影，在必要的地方加强并分化背景的阴影部分。

除了遵循投影法则之外，绘图成功的关键也取决于光影对比及明暗过渡的恰当使用。为了从空间上将一个水果与摆放在后面的另一个水果区分开，水果间的分界

图146.用光与影表现的静物写生。用炭棒的扁平面体现多层阴影。你会发现，在涂了几层以后，很难在不擦除原有阴影的情况下再涂新的阴影层。在画这些云雾般旋转的线条的过程中，画家在最后使用炭棒尖制造出背景中最黑暗的区域并增加质感。[炭笔画]

线就必须有充分的对比。这就意味着，为了将一个个水果区分开，你必须以适当的灵活性来应用这些"规则"，按照所需的对比来加强或减弱阴影。如果你的水果看上去像扁平的碟子，这也许意味着表面需要更多的色调分化，在较明及较暗色调间做更平缓的过渡。

绘画这种图需要时间。慢慢逐步加深色调的好处在于，你可以在一段较长的时间里改变并调整相互之间的色调关系，甚至于改变并移动物体的轮廓。不要怕涂得过黑——尤其是在涂背景的时候。阴影越丰富水果就会显得越饱满——前提是要给水果留下足够的光亮。

检查一下成果（图 146）。通过光影的使用，画作中的水果已变成这个尘世三维空间的真正"居民"。它们已浸润上了一种实质、丰满、重量及多汁的感觉。它们的立体性几乎触手可及。如果以我们用诚实的感官确认来呈现光线、物体及阴影之间的关系，则完成这样一幅图可能是一种令人非常心满意足且"夯实基础"的体验。

鉴于上文所说，到如今你可能会理解为什么鲁道夫·斯坦纳推荐进入青春期的孩子们在课堂上练习在实心物体上运用光影效果了。在孩子们身体成长的最后，通常也是做出最激动人心的努力、挣扎着适应这个俗世躯壳之时，他们有机会以外在的艺术方式来练习同一过程，练习物体在尘世的三维空间的"显化"。

第七章

从新视角看植物

图 147. 黑莓的枝条，展示了花蕾到果实的不同发展阶段。[铅笔画]

旅程及其外

现在就让我们回顾我们在成书的过程中共同走过的旅程，回忆在漫游四季、邂逅丰富多彩的植物的道路上拓展出什么样的"新视角"。

如果你还记得，我们的旅程始于冬季。那时，"透过冰冷的蓝眼睛"，在它们赤裸、灰色、黑色或者白色的冬日素颜中，我们看到的都是事物本来的样子。在我们的画和看到的东西中，它们似乎矿化了，山毛榉树的躯干、豕草的枝条和种子就像灰色的石头。看到它们就像看到大地或裸露的岩石一样，难以渗透、丢弃和分割。然而与此同时，在冬日的梦境和天堂般的想象中，我们瞥见了隐藏在事物内部的奇妙和辉煌，那是去年夏天豕草白色的灯笼花和橡树羽毛状叶子的记忆，同时还有对未来的憧憬。

第三章我们跳入春天，随着植物的生长而"流动"。不断生发的叶子告诉我们该如何将自己"协调"并与植株从一到万的形态变化"共泳"。为了进入植物发展的领域，我们发现与冬天完全清醒的观察角度相比，我们不得不"做做梦"。我们得用自己的想象来填补事实之间的空当。

看到图148中再次出现的"电话记事簿素描"，你可

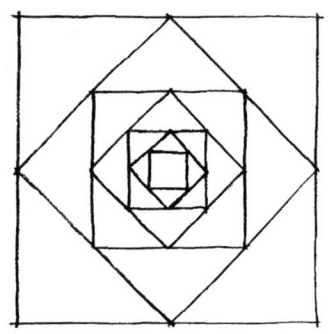

图148. 第一章的直线（上图）和曲线（下图）练习。[铅笔画]

能想起了我们在第一章中所画的图。在第一幅图里我们处在水晶般完全清醒的冬日世界；而第二幅图我们更生动地进入变幻的想象世界，它更提醒我们植物的生长而不是结晶体。

第四章我们从梦幻的、流动的和变幻的生长过程中继续前行，开始分析在萌芽区，特别是在双子叶开花植物的萌芽区所经验到的"创造运动"姿态。我们发现这些变化形态，虽然在所见的所有例子当中都十分相似，却由于每一种植物的不同"存有"而不同。我们可以根据每种植物在叶子形变过程中独特的"舞蹈"方式来辨别它。当我们开始分辨出每一种植物的内在范式时，一种新的"观察模式"进入到我们的经验之中，我们在第二章初遇橡树时就瞥见了种模式。

一种新的"觉醒"——为大自然强大的秩序、为造物背后的智慧而兴奋——于此升起。歌德称这种目睹的方式为"在体悟中目睹"，有时也译为"用灵性之眼目睹"。其实我们日常生活中都有过这种体会，当我们初遇某物，却能够说出"我明白"或"我知道"。在这里反映了一种除对自身之外，对某人或某物的真正认知。

我们的内心某处能够跟别人产生共鸣，并"重新识别"我们一直都知道却尚未意识到的事情。在第二章与橡树初见时我们就瞥见了这一点。

这可以比做我们内在觉醒的过程。一个人"逐渐觉醒"或另一个自我的"开放"可以从植物走向开花的旅程中找到相似之处。叶子所有奇妙的变化都十分微小（甚至被人忽略），直到它开出花朵。再回想起来，它们的意义却是如此清晰。同样，知人识物的过程一般也与此类似。一次又一次，我们感受到某人或某事物的特点，它在我们内心一再开花，最后到某个特定时刻我们体验到内在的交融，体验到"合一"。

这是一种存在状态，是一个亲密交融的过程，艺术家、情侣和神秘主义者都曾体会过、描述过，科学家也是如此：

促使人做出如此成就的情感状态跟教徒或恋人的情感状态大同小异。

——爱因斯坦

到此你可能感觉到我们已经超越了花朵，进入了果实的阶段，到了一个"合而为一"的新境界。如果我们允许这个过程取得成果的话，这种从此到彼的前进是自然而然的。它包含了很多艰苦的准备工作，就像植物生长的早期阶段一样，然后经过一个必然的舍弃或牺牲过程，就像花朵，让某种更高的本质在我们之内诞生。

第五章我们鼓励你与路边的一朵花做朋友继续这个旅程。一方需要对另一方敞开自己的心灵并且信任由这

此时我成为一只透明的眼球，什么都不是，却瞥见了一切……

——爱默生（Emerson）

种探求所引发的交流。行至此，允许体验的恩宠由花朵向内心诉说，你会发现自己永远也无法忘怀这些时刻，它们会在你的余生结出硕果。在日常生活中，当我们谈到某些想法在内心像花朵一样"绽放"，并且为将来"结出硕果"时，我们将更加想起这些时刻。

旅途的"成果"——内在和外在

随着季节的变换，我们在植物世界的旅程也终于来到了成熟的季节——秋天，这是植物生长周期的终点，其中也隐藏了新的生机。这个成果可以比做是人类内在认知旅程的顶点或转折点外化而成的外在世界的一幅可触摸的图画。毫无悬念，真正的果实是人类最好的食物。在食用果实的时候，人类与植物真正的"合为一体"，或者说植物与我们合为一体。在我们咀嚼果实的时候，新的——生命中创造力的种子——在我们体内诞生。没有食物我们就不能运作，它们是我们今后日常生活的燃料。

在一年中的秋季，我们收获，这些果实被储藏、并在一年内被分配和食用，让我们的生活得以开展。在人生的秋季，我们收获生命的果实并为漫长的旅程做好准备——一个新的生活。在我们"求知（每日科

图 149. 樱桃花的开花过程素描。[铅笔画]

第七章 从新视角看植物

学知识)"的旅程中,经验的果实是我们行为(日常艺术)的食粮。

有人会问这一切的意义何在?我们创造了一个美好的故事,并且希望告诉大家,如何通过外部植物世界的发现之旅引导我们揭开它们的"内在秘密"。这同时也存在于外在世界的岁月循环之中,并且可以帮助我们实现内在的"季节转换"之旅。

我们可以用下图做一个总结:

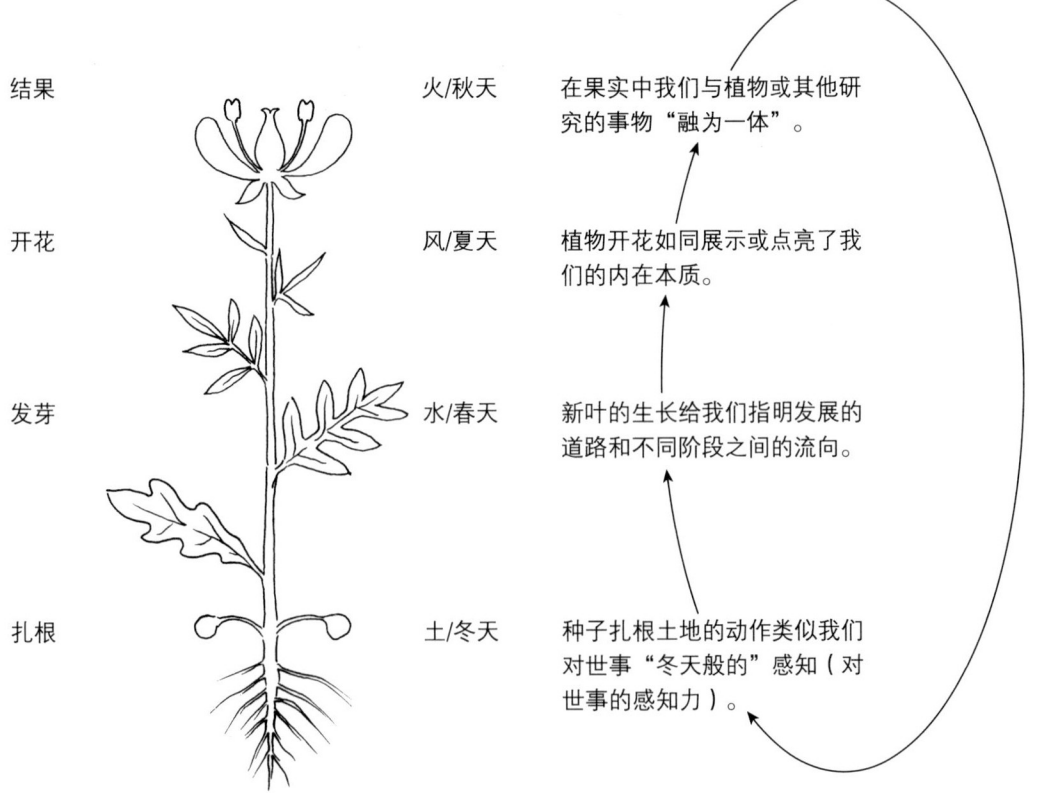

图 150. 双子叶开花植物图示。整个植株变成它(及我们)在季节中(及在我们的视野中)起舞的图景。[铅笔画]

结果　　　　　　　　　　　火/秋天　　在果实中我们与植物或其他研究的事物"融为一体"。

开花　　　　　　　　　　　风/夏天　　植物开花如同展示或点亮了我们的内在本质。

发芽　　　　　　　　　　　水/春天　　新叶的生长给我们指明发展的道路和不同阶段之间的流向。

扎根　　　　　　　　　　　土/冬天　　种子扎根土地的动作类似我们对世事"冬天般的"感知(对世事的感知力)。

所以植物生长的过程明显与我们"求知"的旅程——

"做学问"——有大致的共同之处。如果我们继续前进就能有幸成为"生活中的艺术家"。秋季我们收获一年的果实，按我们已有的经验贮藏及做计划。一年的收获在冬天沉淀，为种子在我们心中发芽奠定了基础。我们在秋天计划，在冬天设计和组织，准备在春天行动。秋天的温暖火焰在冬天滋养着我们并将在春天的阳光中再次为新生而点燃。

艺术还是科学？

现在你可能发现艺术和科学之间的界限并没有本书开始时那么清晰了。我们都是生命的艺术家和生活中的科学家。生而为人的艺术或科学，就在于在内在找到两种固有趋势的平衡点。我们都在学习，都有创造力。有人可能会说，我们人生旅途上的奋斗，不论是画画、雕塑、做饭还是在繁忙的办公室中接电话，都是在每一次科学研究中注入一点艺术的创造源泉，并在每一种艺术行为中允许科学和对真知的探求。我们对世界体验到的每一个真理或内在法则都会让我们从一个全新的角度去处理日常事务。

除了帮助我们处理日常事务，歌德的方式还在职业艺术家和科学家的生活和工作中扮演了重要角色。在以下的部分我们将会简要介绍当代歌德科学的几个成果。

新的科学类别

在 1992 年的《科技医学网络通讯》(第 47 期)中,加利福尼亚的索萨利托抽象科学协会会长威尔斯·哈尔曼写道:

"有一种逐步得到广泛认同的观点,那就是科学必须发展出更加整体地看待事物的能力。构成现代科学基础的'支离破碎'的假设,某种程度上是西方创造史上的人为现象。"

他接着阐述了未来"整体科学"的发展:

"'整体科学'将包含和强调更多可供分享的方法论;鉴于我们学习某种东西的时候反而离所研究的对象更远,它假设通过直觉与所研究的对象'合而为一',我们会学到另一种知识。在后一种情况中,观察的体验将使观察者的感觉更敏锐并带来其他的变化。因此,自我转化的意愿是分享型科学家的特质。"

歌德的科学方法就是对这种需要的一个解决方案,这种需要如今已经被很多科学家感受到了。有人可能会说这是一种很多人都在为之奋斗的理想的科学研究方法。我们还没能这样做,但是歌德已经给我们指明了道路。正如亨利·贝托夫特（《歌德的科学意识》的作者）所说，这种研究科学的方法是"未竟的成就"（当伽利略首次尝试量化知识时，他在介绍给世人的科学里做了如是论断）。每一次对此方法的尝试应用都在助它不断进步。

寻找自然的秩序

歌德的方法论科学的主要贡献之一在分类学上，分类学是教我们如何将动植物按照其共同属性或者整体共性来划分的科学。第一次客观的分类学尝试出现在16世纪，那时的科学家和哲学家们才开始尝试和调整或合理化原先单凭直觉将不同的动植物归类的做法。在接下来的几个世纪里人们做了许多尝试，直到瑞典的博物学家卡尔·冯·林奈，凭借其对有机体之间的相互关联的天生直觉和准确观察和描述所见所闻的非凡能力总结出一套分类体系，这套体系直到现在还在使用。分类学当时（跟现在一样）的目的就是将世间万物进行分类和排列，使之成为可理解的整体。群体中的个体可能各不相同，但是它们拥有相同的特质，这种特质让它们"彼此相属"，易于辨别。

我们在第四章中已经发现在任何一种形变中都有某

些东西是不变的，而某些东西是变化的。就拿植物枝干上叶子变化直到开花的过程来说，很显然"不变"的就是那棵植物和它制造出叶状器官的潜力。这通过如下表所示：

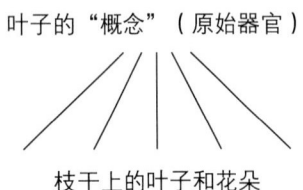

如果我们现在来看看生长环境相差巨大的同一植物类别，就会发现不变的不再是植物个体而是这个物种，例如西洋蓍草；而变化的则是受天气、土壤及日照条件影响而出现的不同的植物形态。如下图所示：

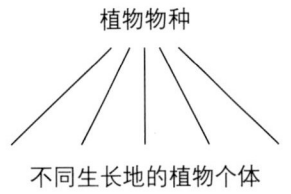

可能有点难以理解，但是同样可以肯定的是，各种物种的植物或比"种"更大的植物家族中的"表亲"们又组成了一个"整体"——属。例如：欧洲千里光草、夹可宾千里光草、牛津千里光草都是千里光属。

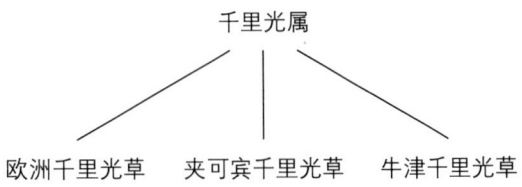

图151. 生长地相距几米的西洋蓍草：一棵长在沙丘背阴的凹地，一棵长在沙丘顶端。（压制好的植物标本的复印图）

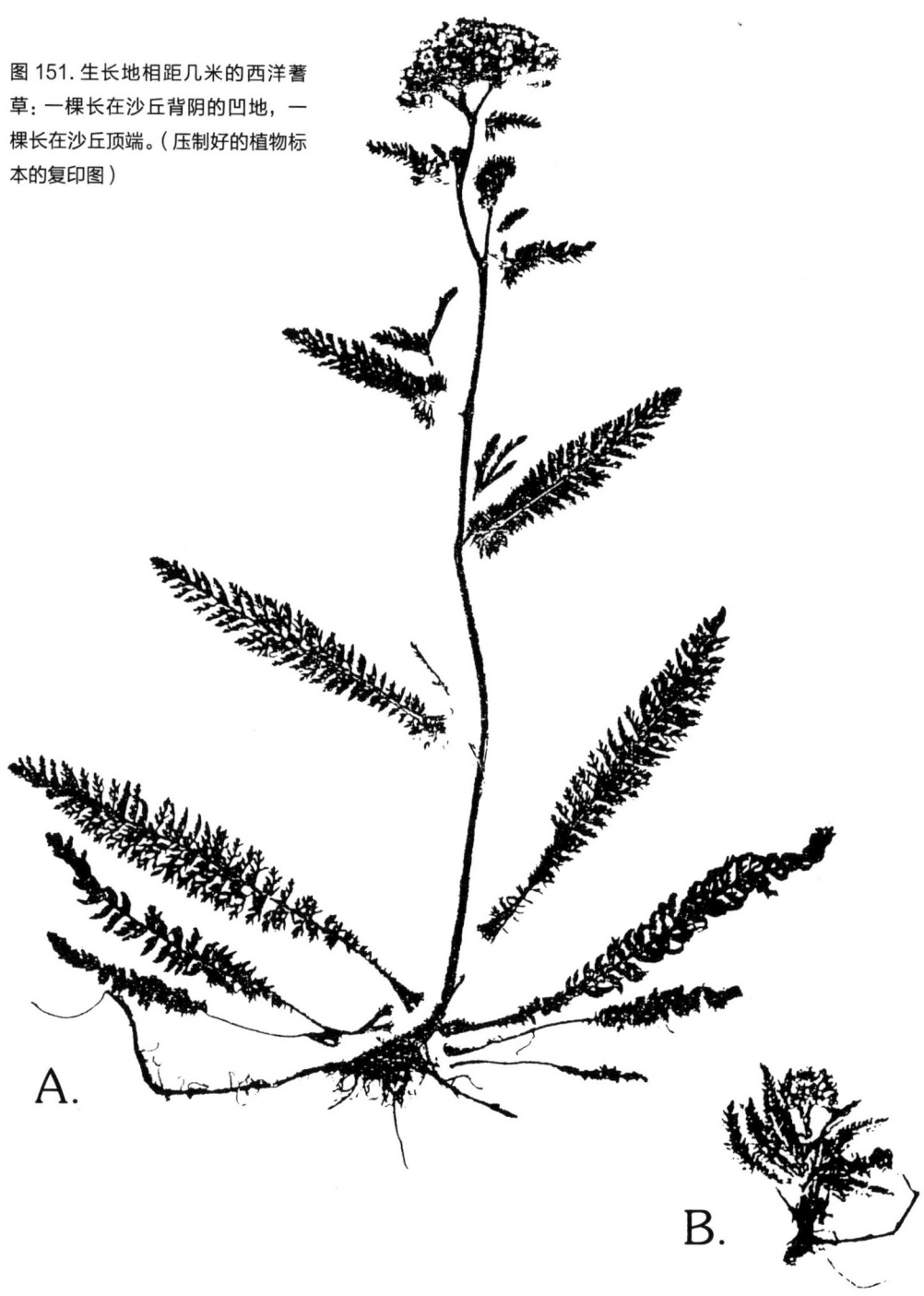

第七章 从新视角看植物

千里光属里面的欧洲千里光草和蓍草属里面的西洋蓍草虽然都是菊科植物,它们都有由许多小花组成的篮子状的"复合花",但是两者的关系更远(图152)。

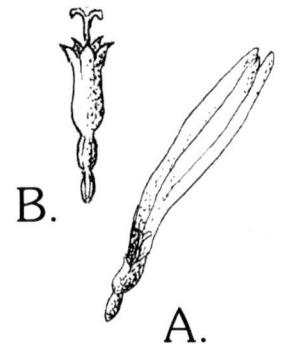
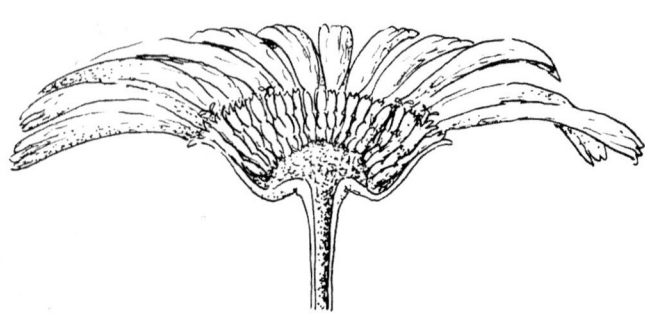

图152. 雏菊的剖面图。这是一朵由很多小花密集排列组成的篮子状复合花。小花有两种花型,舌状 A 和管状 B,如该花左边图形所示。

菊科是植物中最大的科并代表了向更高级别的植物进化过程中的顶峰。欧洲千里光是这个家族中最大的属中最普通的物种之一。

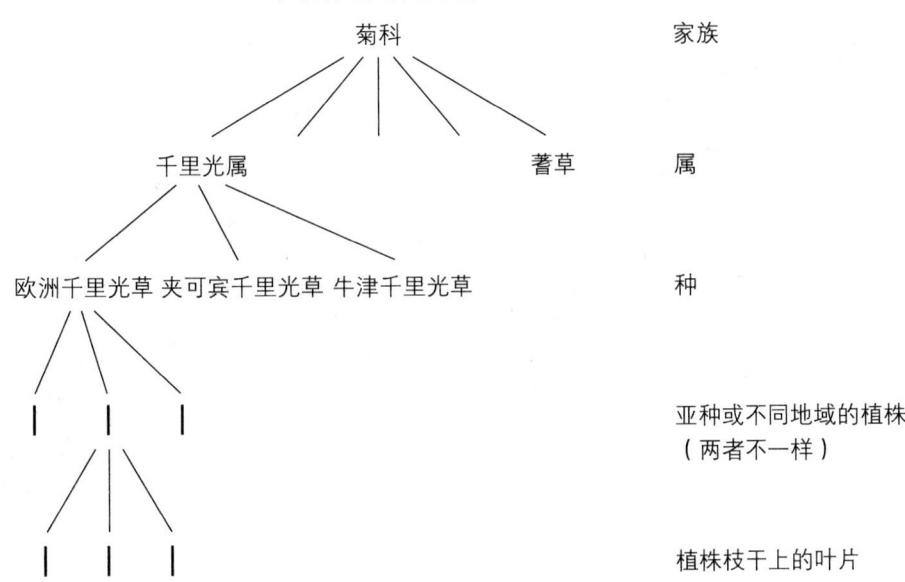

你可以试着在花园里或道路两旁找出菊科植物。你能够识别出它们属于菊科吗？你有可能找到菊科植物的其他表亲、兄弟姐妹，并肯定能体验不同地方的植株在外形上的奇妙变化。在你这样做时，请让之前的所见所闻在心中回荡。你会发现自己在不同层面上都正在发展出新的"眼睛"或感官。如果你将毛茛、玫瑰、雪花莲或橡树也纳入观察，就会发现它们之间的差别更大。菊科植物有一个定义清晰和容易辨别的"共同属性"，我们将它描述为"属于同一科"。这既是一种内在的经验也是一个外部划分的依据，把其他家族的植物排除在外。当你掌握这科植物的共性之后，你可能愿意自己在毛茛或蔷薇科中经验一番。

与芸苔嬉戏——"原型体验"

你会发现，"活在"任何一种植物当中，例如上文的菊科或者是现在的芸苔科，这些家族成员之间差距的特点将会告诉你关系的本质，既是内在的也是外在的体验。(外在的)自然律开始在人类的肌体（内部）显现。在与一个物种、属、或科的植物们嬉戏并在我们内心将其再现的过程中，我们发现自己几乎能够"品尝"我们正在调查的群体的颜色和风格。而且，"无数现象的永恒统一"

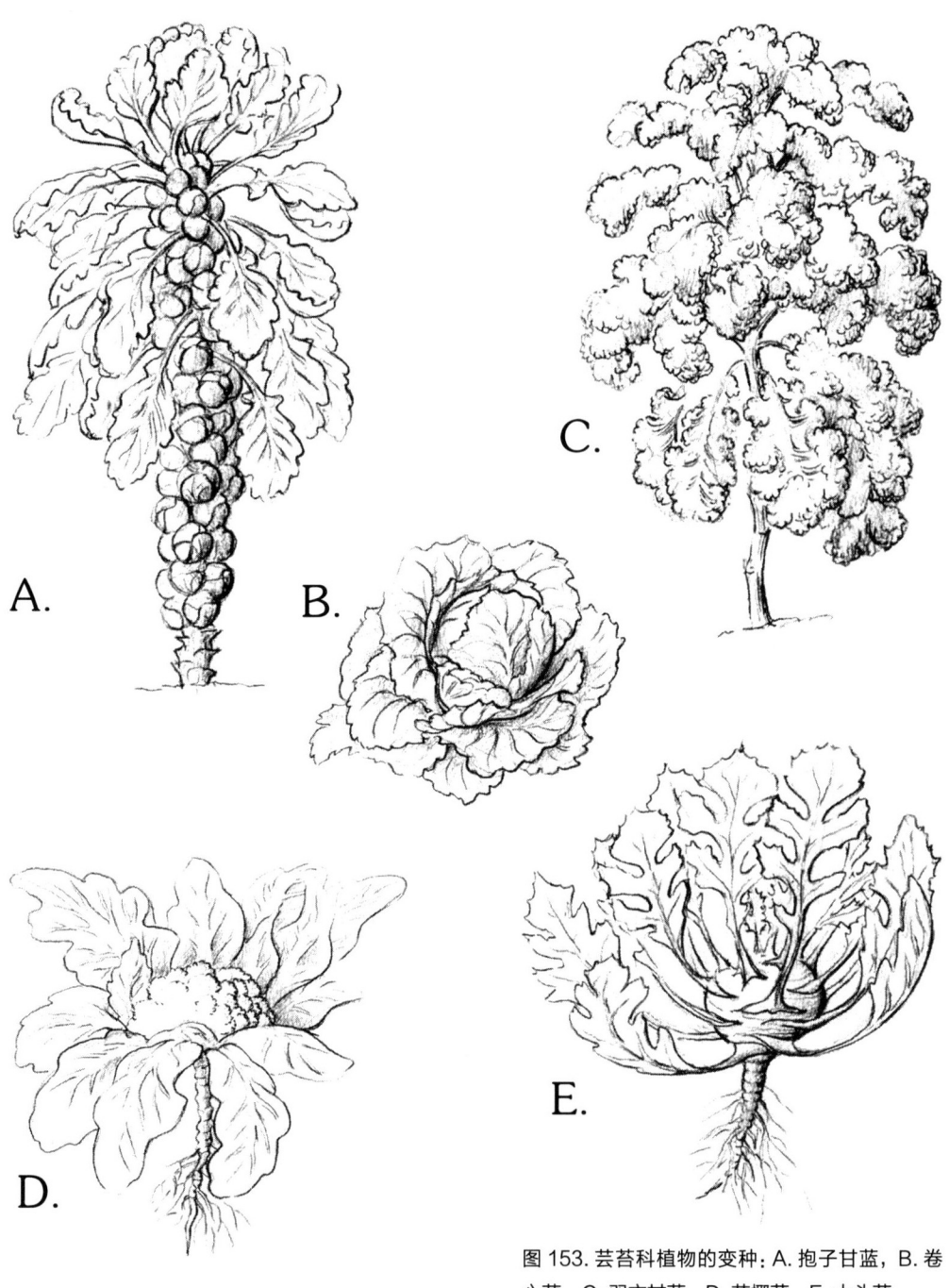

图153. 芸苔科植物的变种：A. 抱子甘蓝，B. 卷心菜，C. 羽衣甘蓝，D. 花椰菜，E. 大头菜。

开始成为我们研究、求证事实的方式。

现在让我们与甘蓝科中可食用的植物嬉戏一番。你将了解的抱子甘蓝（图153A）有着膨大的腋芽。缩紧腋芽并把茎拉低，芽和叶子就团成了一个很紧的球——这就是卷心菜（图153B）！或者让叶子舒展长成圆形的皱叶，就变成了羽衣甘蓝（图153C）。让茎变得粗大（去掉所有芽）就成了大头菜（图153E）。如果花能够长大，我们就得到了花椰菜（图153D）或者叫花茎甘蓝。地面下的长大的小萝卜是更进一步的发展；在地面上，芸苔和芥菜含油的种子闻起来和尝起来都有一股热硫黄的味道。所有这些植物都有紧密的联系，都散发出卷心菜热硫黄般的味道。而在桂足香中，这变成了一种令人陶醉的芬芳，但人畜都不可食用。这仅仅是个开始，给你指明方向，告诉你该如何与植物嬉戏。试着画一种植物，在心里把它转变成另一个相关的植物并画下来。你将对某个种类的植物非常了解以至能"发明"它们。在我们玩这种"游戏"的时候，我们发现我们实际在进入一个非常严肃的领域——所谓歌德式的"严肃游戏"。在巴勒莫*体验到"原型植物"的真实性后，歌德在1787年5月17日写

---

* 译注：意大利的港口城市。

给朋友赫尔德的信中说道：

"此外，我必须告诉你一个秘密，那就是我几乎就要发现植物繁殖和组织的秘密了，而且这个秘密简单之极……'原型植物'将会是世界上最了不起的发明，就这点而言，自然本身都要嫉妒我。有了这个模型和解开它的钥匙，一个人只要依照自然法则就永远能创造植物。这意味着，即使植物不存在了，它们还能（再次）存在，它们不再是画家或诗人笔下的阴影和幻象，而是拥有内在的真实性和必然性。同样的法则也可以适用于其他生物。"

"原型植物"并不是真正的植物，然而却存在于所有植物之中，实际上正是那种模型植物特征（或者说"像植物似的"原型），才让我们"知道"它是植物。歌德还说："原型植物是唯一的，我们所说的多重性不适用于它。"

我们可能会对这个"宇宙的唯一"——唯一存在并显化于所有生命中的原型——心存疑惑。在《约翰福音》的开头我们就读到过这样的句子（摘自《新英文圣经》）：

"太初有道，道与神同在，道就是神。这道太初与神同在。万物是藉着祂造的；凡被造的，没有一样不是藉着祂造的。生命在祂里头，这生命就是人的光。"

当我们在领悟中真正地"目睹"某事的时候，就仿佛有道光突然将我们照亮。当我们看到一朵花，把它看作是植物存有的物质显现，就仿佛打开了理解的开关。在我们的日常生活中，当我们看到些什么并说"我知道了"或"我看到了"的时候，我们就是这样做的。*这就是灵光一闪。当我们给自己空间和时间真正地去会见或观看某人某事的时候，或许我们就可触碰到或受其触动，认识到一点福音或道的真义，而道就存在于神造的万物中，尤其是那些尚有生命的万物之中。

道成肉身（第一个圣诞节）之时，我们经常看到圣母玛丽亚身边总围绕红玫瑰或玫瑰花环（图 117 和 154）。伴随耶稣出生的玫瑰中深藏着一个秘密——上帝降临到人世并且有了肉身。你可以在圣诞节或仲夏玫瑰开花之时对此仔细研究。玫瑰的兄弟姐妹的果实是人类或者"堕落天使"——我们经常被称作的名字——的最好食物。

比起其他植物来，它们更好更甜美，而且当之无愧的被称为花中之花。是的，玫瑰和百合，它们是贞洁之花，没有肮脏，没有爱的温暖，只有自身香气的散发，比对手蔷薇的香气散发得更远，但是一遭压碾就都沦为浊臭。因此，玫瑰和百合属于教堂，是上帝手中的标记。哦，少女们，采摘它们吧，玫瑰象征战争而百合象征和平，想想耶西枝干上的花，上帝的话就如同百合，祂那愉快的生活就是神迹，但是祂的死重新染红了玫瑰。

德国赖歇瑙男修道院院长
瓦拉弗里德·斯特拉博
（Walahfried Strabo，809–849）

---

* 译注：英文中"我知道"与"我看见"都是"I see"。

图 154. 斯蒂芬·罗赫纳（Stefan Lochner）的画作《玫瑰园中的圣母玛利亚》。

图 155. 带果实的樱桃枝条。[铅笔画]

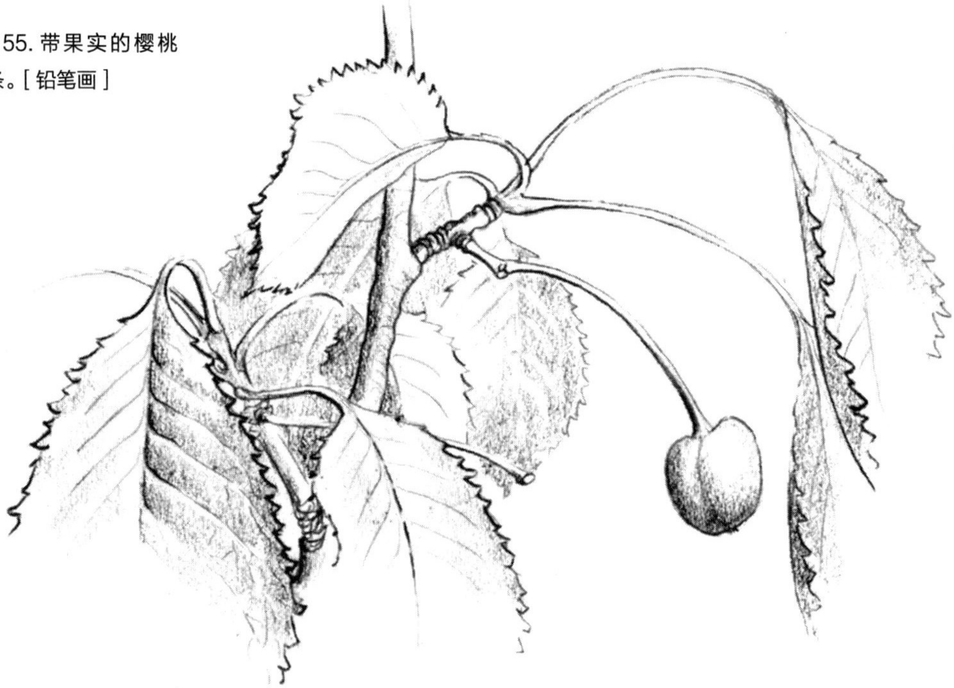

蔷薇科果实

假设现在你正同我们一起散步,这种散步你已十分熟悉。现在是夏末,树上的叶子已经呈现夏末的深绿,道路两旁高大的樱桃树上,叶子已经开始枯萎(图 155)。下垂的叶子中间零星隐藏着樱桃,颜色从橘黄、猩红到紫黑,深浅不一。有些落下地,被人踩踏而变成了紫色的污点;有些被鸟儿发现后,欢快地衔去。而如果能捡满一捧,我们的愉悦不亚于鸟儿。我们短暂地享受着那天堂般的香甜,吐出果核,让它们加入到地上那初秋的落叶中。

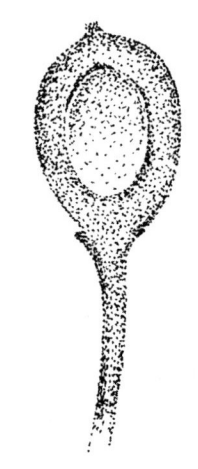

图 156. 樱桃的剖面图。[钢笔画]

第七章 从新视角看植物

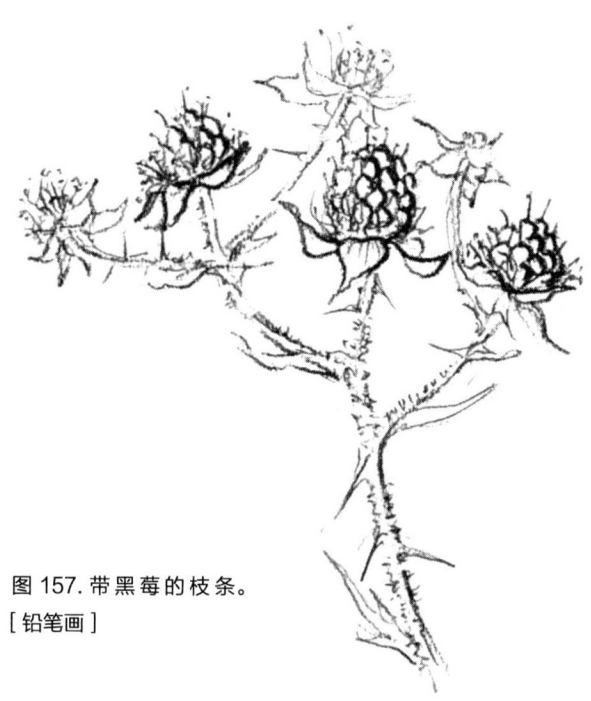

图 157. 带黑莓的枝条。
[铅笔画]

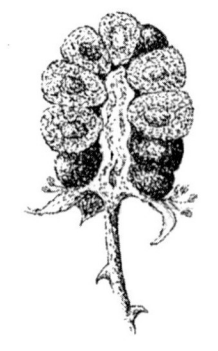

图 158. 黑莓的剖面图。[铅笔画]

旁边小路的另一边是正在成熟的黑莓（图 157）。你可能已经注意到，樱桃的五瓣花和我们上个月一直紧盯的玫瑰很相似（我们在第五章中见过它们的五重花瓣）。花瓣已经从黑莓上凋落，几支雄蕊在花托的边缘，花托中心是膨大的绿色果实。仔细观察，我们会发现这些果实是由很多圆形的绿色小球聚合在一起形成的，这就是将来的黑莓（图 158）。每个小球朝外的顶端都有个极小的头发似的凸起（柱头）。每一个小球中都有一颗坚硬的种子（我们吃黑莓的时候它们往往会塞在牙缝里）。也许你已经能看出黑莓就像是少了果肉和种子的"复合樱桃"。那你能闭上眼睛想象这种运动，"看到"樱桃和黑莓之间的关系吗？

缩减黑莓的果实并让它们长在稍微伸展的茎上。长在附近树林中的覆盆子也有相似的结构。现在，如果我们没有将果实减少，而是让果肉和茎尽量生长，我们发现不难得到李子、油桃、桃子或者杏。这些果实都与樱桃的结构相同【果肉当中有一个种子，果肉是膨大的叶子（芯皮）】。它们甚至有同类的花，但果实成熟后却比樱桃大得多。

接下来想象把黑莓变得小一些、硬一些和干一些，然后让结着小种子的茎杆生长、膨大，最后变成红色，我们就得到了草莓（图160）。仲夏的午后，冰激凌里让我们受用无比的草莓其实是植物膨大的茎。可能这就是为什么我们不能像吃樱桃那样一口气吃下那么多草莓的原因吧（在某些国家草莓被称为"地莓"）。

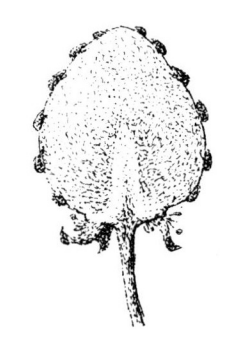

图 159. 草莓的剖面图。[钢笔画]

图 160. 带草莓的枝条。
[铅笔画]

第七章 从新视角看植物　215

图 161. 犬蔷薇的枝条。
[铅笔画]

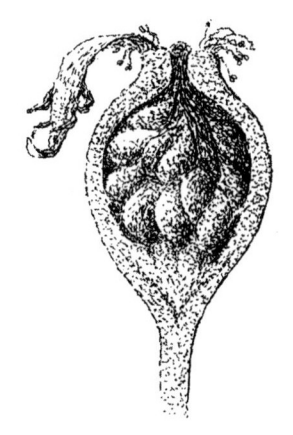

图 162. 野玫瑰果剖面图。[钢笔画]

让我们延伸雕刻般的想象力。如果将草莓推回花下面茎杆中的坚硬部分，并让这部分长成一个膨大的杯状果实，我们就会发现最后得到了另一种散步中辨识出的果实。玫瑰果在道路两旁装饰篱墙的犬蔷薇的五重花萼中结出来。当黑莓长大、草莓退场、樱桃成熟并掉落的时候，像直立绿色容器的玫瑰果蹲坐在矮茎上，慢慢地由黄变橙再转红，叶子的颜色也在相应变化。这些红色的哨兵经常在圣诞节的第一场雪中还傲然挺立，闪耀着红光。

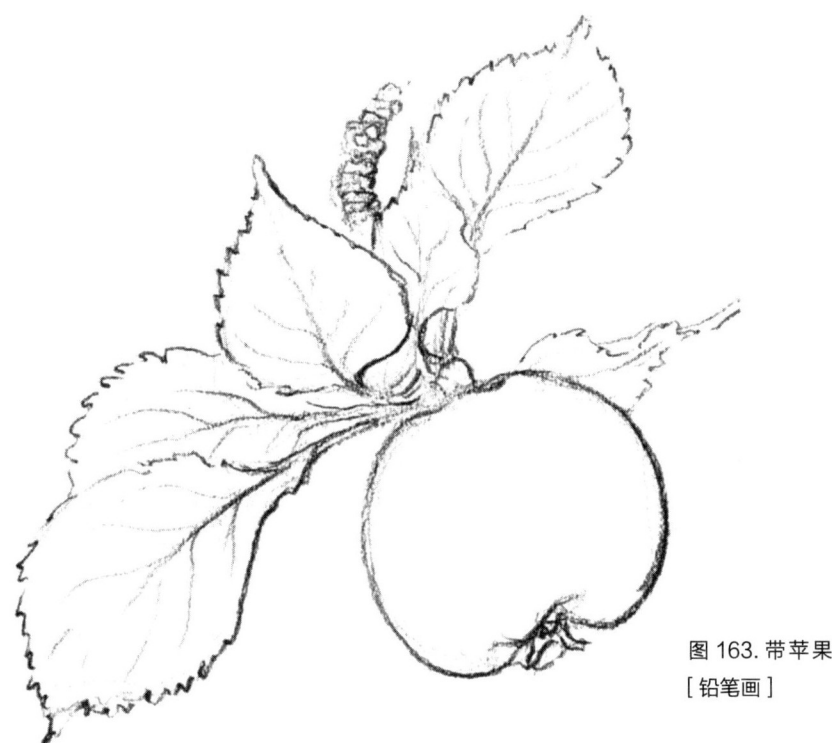

图 163. 带苹果的枝条。
[铅笔画]

它的近亲，苹果，挺过了秋天的风霜，或金或红，仍然悬挂在十一月渐渐变深色的树梢上（图 163）。它们（尤其是海棠果）与野玫瑰果有很多相似之处——都有些酸，都富含有益健康的营养。你能看出苹果（梨和柑橘也是）都是膨大、带彩色硬皮的茎部吗（图 164）？这就是这些植物的"朴实"之处。它们难以消化，也经常难以咀嚼，甚至是坚硬的。它们是马、牛和猪——大型蹄类陆地动物的天然食物。跟那些极端相反的果实类型比较一下，樱桃是鸟类——接近天堂（就像果实的味道一样）的动物的食物。

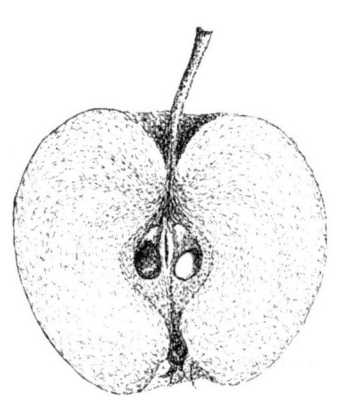

图 164. 苹果剖面图。[钢笔画]

第七章 从新视角看植物　　217

也许你能看出将要展开的故事的端倪了（图165）。如果我们要展开想象的翅膀，与蔷薇科植物嬉戏的话，会发现蔷薇科植物果实展现了两极间一系列的连续发展。一种由单叶膨大而成，每个果实里有一粒种子；另一种由茎部膨大而成，里面有几个（五个）真正的果实——苹果核——部分紧紧团结在一起，最多有十粒种子。这两"极"都生长在高树上。两者之间的过渡则是小一些的灌木和草本植物。我们甚至在以这些果实为食的动物当中也发现了对应的两极分化——蹄类动物和鸟类，动物又对应了人类机体自身的分化（鸟类就像我们聪明机警的大脑，而我们的消化系统和四肢又与牛和马更接近）。但于此又牵扯出只能在此埋下伏笔的另一个故事（这也许能写成另外一本书）——不同种类的动物与人类之间的关系。

图165. 蔷薇科植物果实变异图示。从左至右：苹果、玫瑰果、草莓、黑莓、樱桃。（戈贝尔《植物有机体》一书中图画的仿作。）

或许你能看出蔷薇科植物在人类机体中的对应。要把这项工作做好还需要更多的篇幅。最早对蔷薇科植物进行歌德式研究的是格伯特·格罗曼,如果你愿意,他的著作——现已被译成英语,名为《植物Ⅰ和Ⅱ》——会引领你在这条探索的道路上走得更远。当时为这本书画图的是个名叫托马斯·戈贝尔的年轻人,他后来将对蔷薇科植物的研究引向更深入,并写了一本名为《植物有机体》(*Die Pflanze als Organon*)的书,很遗憾这本书没有译成英文。在这本书中你可以对蔷薇科植物及其变形展开更深入的研究和更科学的观察。

山楂

为了完善我们的素描,我们要在此介绍最后一个蔷薇科植物成员——山楂,它的药用价值远大于它的食用价值。山楂生长在树林和田野的边缘。它是篱墙的边界,是开阔的绿地和树林之间、小灌木和大高树之间的间层。它甚至是果实系列的中间物。它的果实由茎部膨大而成,锃亮的红色山楂里面是粉质的(而不是多汁的),非常酸涩。里面是一个真正的果实,干巴巴的,里面带有一粒种子——就像一枚又硬又黑带有一粒种子的玫瑰果。

山楂树在没有支撑的情况下能长到 60 米高。树干呈

图 166. 山楂带花的枝条。
[铅笔画]

灰褐色,木质坚硬。山楂树可生长多年,木质变硬缓慢。传统上用于制作小盒子或盛器。燃烧释放的热量大于其他木材。

　　春天,灰褐色纵横交错的枝条上开始吐露翠绿的新芽。作为孩童时期的"面包和奶酪",早春时节绽放的绿芽是很受欢迎的零食。五月,叶状的粉色、白色花朵装饰了树木和篱墙,英国各地的树上、灌木丛上和篱墙上都覆盖了一层发白的粉云。它的名字就叫"五月"*。从远处就能闻到那花朵甜美的芬芳,但是香味却不"轻浮"。

---

* 译注:山楂树的其中一个英文名字就叫 May。

味道内敛变酸，吸引飞虫们给簇簇小白花授粉，好让它们结出果实。

然后，山楂树很快茂盛地抽条，茎部变红，长出黑红的叶子，它们最终变硬，长成长长的、茂密的绿色枝条，第二年从叶腋处长出花和果实。灰色的茎上，靠近老叶的地方长出一簇簇的叶子但没有花，然后，这里或那里，类似长（红色的）叶子的短小新芽在顶端冒出刺来。

这样我们发现了四面的生长，四种中心和边缘交换的类型，一个坚强、有生命热量的核心和一朵向边缘分裂的白云。秋天的果实是这个过程的再现，有着坚硬的果核和柔软的果肉，是深冬鸟类和鼠类的食物。

和着山楂树的生长韵律，用歌德的话来说："再造其创造"，我们发现山楂树与周围的环境同呼共吸。它回应着光、风以及外力（人和动物）控制等因素。跟着山楂树，我们进入"平静的"外缘和"勃发"的中心之间的脉动和流动。我们马上就联想这也呈现在我们心脏有力的跳动和身体外围的循环中。

山楂树是一种重要的药用植物，可以调节心跳和血液循环的节奏。从冬天灰褐的茎上长出的茂盛的春天的绿芽，为我们的生命带来了勃发的生机并为我们去除了春困。在早晨（春季）闻闻春花、在黄昏（秋日）嗅嗅秋果的精油，将给处于重压和忙乱时代、有心灵困扰的人们带来平衡。

在我们对山楂树惊鸿一瞥的探索中，我们被引向大自然（这里是植物）生长和存在过程中新发现的财富，它们对应着人类内部机体的失衡。这样的研究，深入下去就会形成新的医学基础。对于植物的生长方式、特质和它的自我表现的研究，结合对人类机体健康和疾病的研究，将有别于广泛应用的化学药剂，健康地推动配药程序的创造性发展和现代药品生产。这门新兴的整体科学将有助于治疗和整体诊断的发展。

到此我们将给这段长途旅程画上句号。我们非常希望此书或多或少地点燃了你踏上自己的发现之旅的热情，也希望借助于"观察植物的新视角"，你可以从伟大的"自然之书"中再次获得激情。

附录

保存植物标本及制作叶序

压制植株和叶子

就如我们在 75 页和 205 页中做的那样，为了压制和保存植株并制作本书中多处用到的叶序，我们需要干燥完好的标本。趁植株新鲜时采集，但最好不要带有露珠或雨滴。如果要保存整株植物，要将植物由根部挖出，把植株的所有部分（叶、茎、花）整理好，置于吸水性强的厚吸水纸上或几层报纸上。在其上小心地覆上另一层吸水纸或几层报纸。再于其上覆盖一层纸板并用重物压好。此步骤可在地板、桌面或任何其他光滑平坦的表面进行。当然如果你有压制板那是最好的，但通常市面上的压制板对整株植物来说不够大。如果你要制作叶序标本，选择完整叶片尤其是初叶（也包括子叶，如果还在的话）、未被咀嚼和啃咬的中叶和完全伸展开的顶叶尽可能多的植株。将它们由下至上小心剥下并按照在植株上生长的次序在纸上并排摆好。如上所述下一步就是压制。需要将吸水纸定时更换，直至所有水分都被吸收殆尽。更换的频率取决于环境的湿度和植株的含水量。开始时每天都要更换，几天后，更换频率可以降低，直到换纸时一点感觉不到湿润，叶片完全干燥。给植物干燥脱水时千万要小心谨慎。如果在干透之前将其覆盖，标本将会发霉。

叶序的摆放

叶片完全干燥以后，把它们置于纸或纸板上，按照你理想的顺序排好（见 83 页、86 页）。另找一张与放标本的纸张同样大小的纸板，再裁剪一块同样大小或尺寸稍大的塑料装订簿。将里面的衬垫物取出，把透明的黏性面向上置于第二张纸板上。现在将所有叶片一一挪到黏性面上（最好用一把钝镊子来夹），按照你最初的摆放顺序排好（图 167）。所有的叶子都被挪过来之后，拿出最初的那块纸板，将纸板的一条边与黏性面的其中一边重合，慢慢将纸板覆盖到叶片上，轻柔地按压。用揩布或软布将每个地方都压平。通过轻柔的按压可将每个小气泡挤出。如果你将左边与黏性面重合的话，那现在就可将边角剪去并将边缘折起，漂亮地完工了。

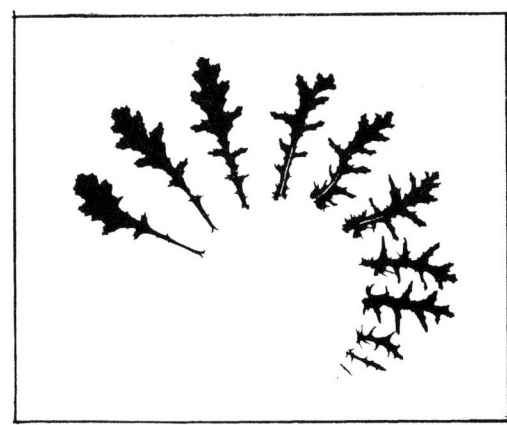
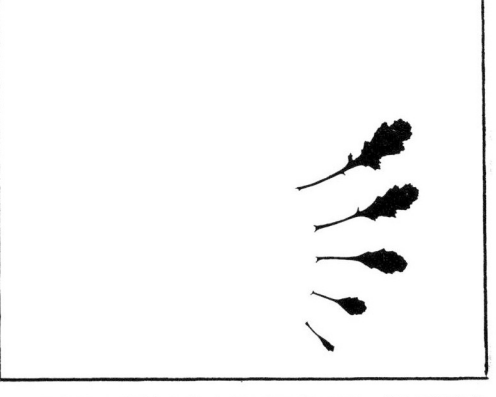

图 167. 摆放卡片上的干燥的叶子，然后以镜像的形式把它们粘贴在塑料卡片有黏性的一面。

塑封植物标本

整株植物，如果株型不大，也可以用与叶子标本同样的方法来处理。花朵部分，如果十分干燥的话，可以直接粘贴在黏性材料上。对于大一点的植株，最好先在上面抹上一点点胶水，将它粘在一块纸板上，再将它粘到涂有胶层的塑料板上。在这个过程中，把垫纸板放在对折后塑料皮那面掀起来的卡纸上。掀起一边将它粘到纸板对应的边缘上。最好从离你最远的那边开始。然后当你从对折塑料皮下面剥下垫纸板的时候，用一块软布轻轻按压在植物上并将塑料皮铺开。这是个非常复杂的过程，建议你先不放植物标本，用小片卡片和带胶层的材料进行练习，直到你知道什么时候该在哪里放哪只手的时候再进行。

制作植物标本集

大多数情况下将植物保存在标本集中是个更好的主意。要这样做你需要制作或购买卡片夹以适应你的植物大小。需要用涂了胶水的小纸条或遮蔽胶条将干燥和压制的植物固定在卡片纸上。上面覆盖一条窄纸或防油纸并将它放入卡片夹中（图168）。请记得给你的标本加标签，记载下标本的名称、采集日期和地点。在标本最终固定成型之前，标本植物在整个压制过程中都需要一片小纸片保护。

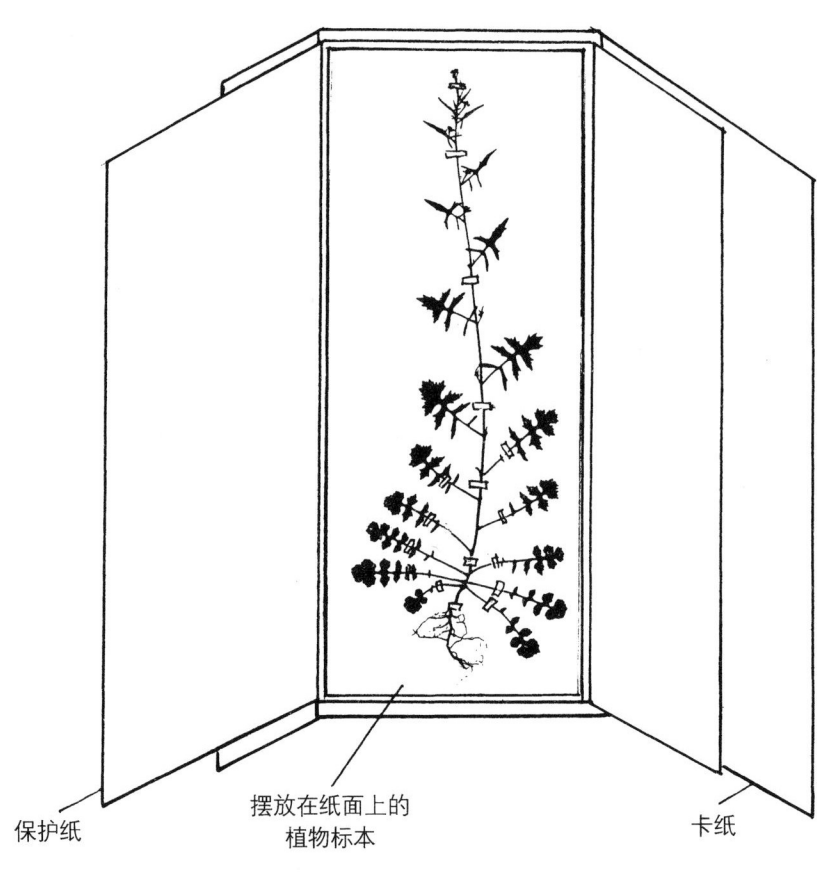

保护纸　　摆放在纸面上的　　卡纸
　　　　　植物标本

图 168. 标本集中的一棵植物。

附录　保存植物标本及制作叶序　　227